シリーズ
応用最適化 2
久保幹雄・田村明久・松井知己 編集

ネットワーク設計問題

片山直登 著

朝倉書店

まえがき

　今日では，ADSL や光回線などによるインターネット，無線 LAN といった通信ネットワークが一般に普及し，ネットワークという言葉が身近なものとなってきている．このため，ネットワーク設計といえば，インターネットや通信ネットワークのハード的な設計，Windows や Linux といった OS 関連のプログラミングや通信プロトコルを想像するかもしれない．もちろん，本書には通信ネットワークの設計に関するモデルを含んではいるが，本書で取り扱うネットワーク設計は，このようなイメージとは異なり，現実に存在する様々なネットワーク構造をもつ問題を抽象化した静的・数理的なモデルを対象としたものである．

　数理計画やオペレーションズ・リサーチの分野において，ネットワーク理論は大きな分野を占めている．日本においても，多くの数理計画やオペレーションズ・リサーチのテキストが出版され，これらの中で最短路問題，最小木問題や最小費用フロー問題といった基本的なネットワーク問題やネットワークフロー問題が解説されており，ネットワーク理論と題した秀書もいくつか出版されている．近年では，巡回セールスマン問題といったネットワーク問題の代表的な問題に特化したテキストも出版されるようになった．

　本書では，ネットワークの形を決める問題——ネットワーク設計問題——を取り扱う．これは，ネットワーク問題やネットワークフロー問題を包括し，かつ拡張した問題である．また，通信ネットワーク，輸送ネットワーク，サプライチェーンネットワークや交通ネットワークなどにおいて，ネットワーク設計問題は現実に必要とされる問題であり，ネットワーク上の通信・輸送を効率化するためには，その数学的モデルによる分析は必要不可欠なものであろう．ネットワーク設計問題に関して，これまでに海外を中心に非常に多くの研究論文が提供されてきた．しかしながら，テキストレベルで見ると，海外も含め，LAN 設計といったハード的なものを除けば交通分野ではいくつかの秀書があるものの，通信・配送などの当該分野で部分的にテキスト化されたものがあるに過ぎ

なかった．ネットワーク設計問題は，通信，輸送，交通やオペレーションズ・リサーチといった複数の研究分野にまたがり，前提や対象が異なる問題として存在している．このため，これまでには全体的・統一的なテキストが存在していなかった．

ネットワーク設計問題は，1970年代から本格的な研究がはじめられた．初期にはヒューリスティックな解法，1980年代後半からは強い定式化やLagrange緩和法といった最適化手法を用いた解法，1990年代からはタブー探索やアニーリングといったメタヒューリスティクス，2000年代に入ってからは強い不等式と数理計画ソフトウエアを組み合せた解法が開発されるようになった．本書は，このような初期の古典的な研究から最新の研究まで，海外の研究論文を中心に重要なモデルや解法をピックアップして整理したものである．

第1章では，最短路問題と最小木問題を対象とし，Dijkstra法やKruskal法といったネットワーク設計問題の基礎となる基本的なモデルと解法を解説している．アークの長さが変化したネットワークにおける最短路問題はネットワーク設計問題でよく利用されるものであるが，他書ではほとんど見かけないものであろう．

第2章では，ネットワークフロー問題である最小費用フロー問題，多品種フロー問題および利用者均衡フロー問題を対象としている．最小費用フロー問題はオペレーションズ・リサーチでは一般的なものであるが，多品種フロー問題はテキストレベルではほとんど解説されていない問題である．また，利用者均衡フロー問題は交通分野で研究が行われている問題である．

第3章では，予算制約をもつネットワーク設計問題を対象としている．問題の性質と定式化，フォワード法やバックワード法といった近似解法とその改良法，下界平面とよばれる独特の緩和問題やLagrange緩和法などを解説している．

第4章では，固定費用をもつネットワーク設計問題を対象としている．問題の性質と定式化，フォワード法やバックワード法といった近似解法とその改良法，Benders分解法，双対上昇法やLagrange緩和法などを解説している．

第5章では，通信ネットワーク設計の分野で多くの研究が行われている容量制約をもつ最小木問題のモデルを対象としている．問題の性質と定式化，古典的な構築法から局所探索法，タブー探索法といったメタヒューリスティクスや

様々な強い定式化・妥当不等式を解説している．

第6章では，容量制約をもつネットワーク設計問題を対象としている．問題の性質と定式化を示し，様々な妥当不等式，双対上昇法，Lagrange緩和法，スケーリング法や各種タブー探索法を解説している．

第7章では，航空や輸送ネットワークを対象としたハブネットワーク設計問題を取り扱う．単一割当モデルと複数割当モデルに分け，問題の性質と定式化，様々なヒューリスティック解法，メタヒューリスティクスや定式化を解説している．

本書の付録では，ネットワーク設計問題に共通的に利用される用語，問題や解法を集め，これらを個別に解説している．

本書は，数理計画・線形計画やネットワーク理論の基礎的な知識をもつ理工系の4年生や大学院生を読者の対象として，第一線の研究をわかりやすく解説したつもりである．しかしながら，一部のものは数理計画に関して十分な知識が必要となるかもしれない．ネットワーク設計問題は対象分野・応用分野が広く，現在でもこの問題には研究の余地が多くの残されている．本書を読むことによってネットワーク設計問題に興味をもち，本書が卒業論文や修士論文におけるネットワーク設計問題の先進的な研究に取り組むきっかけになれば幸いである．

2008年4月

片 山 直 登

目　　次

1. **ネットワーク問題** ··· 1
   - 1.1　ネットワーク ·· 1
   - 1.2　最短路問題 ·· 3
     - 1.2.1　Dijkstra 法 ·· 4
     - 1.2.2　ラベル修正法 ··· 7
     - 1.2.3　Floyd–Warshall 法 ·· 8
     - 1.2.4　アークの長さが変化したときの最短路問題 ······················· 9
   - 1.3　最小木問題 ··· 11
     - 1.3.1　Kruskal 法 ··· 11
     - 1.3.2　Prim 法 ··· 12

2. **ネットワークフロー問題** ·· 14
   - 2.1　最小費用フロー問題 ··· 14
     - 2.1.1　プライマル法 ·· 17
     - 2.1.2　プライマル・デュアル法 ······································ 18
   - 2.2　多品種フロー問題 ··· 19
     - 2.2.1　価格主導による分解法 ·· 21
     - 2.2.2　資源主導による分解法 ·· 23
   - 2.3　利用者均衡フロー問題 ··· 26
     - 2.3.1　利用者均衡とシステム最適化 ·································· 27
     - 2.3.2　利用者均衡フロー問題の解法 ·································· 32

3. **予算制約をもつネットワーク設計問題** ···································· 42
   - 3.1　BND の定式化 ··· 42
   - 3.2　BND の計算複雑性 ··· 45

- 3.3 近似解法 ·· 47
  - 3.3.1 フォワード法とバックワード法 ································ 47
  - 3.3.2 バックワード法の改良 ·· 49
  - 3.3.3 近似解法の比較 ·· 50
  - 3.3.4 近似的な分枝限定法 ·· 51
  - 3.3.5 閾値ヒューリスティック ·· 53
- 3.4 厳密解法 ·· 54
  - 3.4.1 バックトラック法 ·· 54
  - 3.4.2 下界平面 ·· 55
  - 3.4.3 分枝限定法 ··· 61
- 3.5 Lagrange 緩和法 ·· 61
  - 3.5.1 Lagrange 緩和問題 ·· 62
  - 3.5.2 劣勾配法 ·· 64
  - 3.5.3 Lagrange ヒューリスティック ································ 65
  - 3.5.4 下界値の解法の比較 ·· 66

4. 固定費用をもつネットワーク設計問題 ···························· 67
- 4.1 FND の定式化 ·· 67
- 4.2 近似解法 ·· 69
  - 4.2.1 フォワード法とバックワード法 ································ 69
  - 4.2.2 Minoux 法 ·· 70
  - 4.2.3 近似解法の数値例と比較 ·· 72
- 4.3 厳密解法 ·· 75
  - 4.3.1 分枝限定法 ··· 75
  - 4.3.2 Benders 分解法 ··· 76
- 4.4 双対上昇法および緩和法 ··· 80
  - 4.4.1 双対上昇法 ··· 81
  - 4.4.2 Lagrange 緩和法 ··· 84
  - 4.4.3 容量改善法 ··· 86
  - 4.4.4 下界値の解法の比較 ·· 88

5. 容量制約をもつ最小木問題 89
5.1 $CMST$ の定式化 90
5.2 $CMST$ の計算複雑性 93
5.3 近似解法 95
5.3.1 構築法 95
5.3.2 2次オーダー貪欲法 99
5.3.3 局所探索法 100
5.3.4 タブー探索法 104
5.4 緩和法と妥当不等式 106
5.4.1 容量制約緩和法 106
5.4.2 Lagrange 緩和法 106
5.4.3 Malik–Yu の妥当不等式 110
5.4.4 マルチスター不等式とルートカットセット不等式 112
5.4.5 $2|N|$ 個の制約式による定式化 114
5.4.6 ホップ変数を用いた定式化 116

6. 容量制約をもつネットワーク設計問題 119
6.1 CND の定式化 119
6.2 妥当不等式 121
6.2.1 カットセット不等式 121
6.2.2 3ノード問題と3分割不等式 123
6.2.3 迂回フロー不等式 123
6.2.4 マルチカット不等式 125
6.2.5 被覆不等式と最小基数不等式 125
6.3 双対上昇法と Lagrange 緩和法 127
6.3.1 カットセット不等式に対する双対上昇法 127
6.3.2 フロー保存式に対する Lagrange 緩和 129
6.3.3 容量制約式に対する Lagrange 緩和 130
6.3.4 資源主導による分解ヒューリスティック 131
6.4 スケーリング法 133

	6.4.1	スロープスケーリング法 134
	6.4.2	容量スケーリング法 136
6.5	タブー探索法 141	
	6.5.1	単体法に基づくタブー探索法 141
	6.5.2	閉路に基づくタブー探索法 143
	6.5.3	パス再結合法 147
	6.5.4	近似解法の比較 148

7. ハブネットワーク設計問題 152

7.1	HND の定式化 154	
	7.1.1	$SHND$ の定式化 154
	7.1.2	$MHND$ の定式化 156
7.2	$SHND$ の計算複雑性 157	
7.3	近 似 解 法 160	
	7.3.1	列 挙 法 160
	7.3.2	貪 欲 法 161
	7.3.3	単一交換法 161
	7.3.4	複数基準割当法 162
	7.3.5	最大フロー法と割当フロー法 164
	7.3.6	アニーリング法 164
	7.3.7	タブー探索法 165
7.4	線形計画による強い定式化 167	
	7.4.1	$SHND$ の定式化 167
	7.4.2	$MHND$ の定式化 168

A. 付　　　　録 170

A.1	線形計画問題 170
A.2	双 対 問 題 171
A.3	線形緩和問題 172
A.4	Lagrange 緩和問題 173

A.5	妥当不等式	174
A.6	連続ナップサック問題	175
A.7	分枝限定法	176
A.8	双対上昇法	177
A.9	Lagrange緩和法	178
A.10	Benders分解法	179
A.11	劣勾配法	181
A.12	Lagrangeヒューリスティック	183
A.13	局所探索法	184
A.14	アニーリング法	184
A.15	タブー探索法	185
A.16	パス再結合法	186

文献 189

索引 195

1 ネットワーク問題

　モノの移動を伴う点と線で構成される図形を**ネットワーク** (network) とよぶ．社会には相互に関係をもつ様々な問題が存在しており，これらの多くはネットワークとしてモデル化することができる．たとえば，電話や光回線網，ローカルエリアネットワーク，高速道路網，鉄道網などである．また，宅配便や商品の配送といったモノの輸送配送を扱う物流システム，さらには IC チップやプリント基板上の配線もネットワークとして扱うことができる．また，一見してネットワークの形態をしていない場合であっても，たとえば作業の日程を決めるスケジューリング問題は時間の経過や作業の順序関係を点や線で表すことによって，ネットワークとして表現することができる．これらのネットワークでは，点はサーバ，ルータ，コンピュータ，インターチェンジ，駅，配送拠点など，線は通信回線，道路，線路，輸送便などに対応する．また，ネットワーク上を移動するモノは，データ，車，人，トラックや貨物などに対応する．

　このようにネットワークとして表現された中で，最適な答えを求める問題を**ネットワーク問題** (network problem) とよぶ．ネットワーク問題の中で，モノの移動とその経路を求める問題を**ネットワークフロー問題** (network flow problem) とよび，モノの移動経路とネットワークの形状を同時に求める問題を**ネットワーク設計問題** (network design problem) とよぶ．

●1.1● ネットワーク ●

　ネットワーク上の点を**ノード** (node)，点と点を結ぶ線を**アーク** (arc) とよぶ．ノードとアークで構成される図形を**グラフ** (graph) とよび，モノの移動が伴う

グラフをとくにネットワークとよぶ．ノードは頂点や節点，アークは枝，辺やリンクとよばれることも多い．

ネットワーク上では，決められた二つのノード間をモノが移動する．モノが出発するノードを**始点** (origin node)，到着するノードを**終点** (destination node) とよぶ．始点を同一ノード，終点を同一ノードとするモノの集まりを同一の**品種** (commodity) とし，一つの単位として取り扱う．一般的には，品種はモノの品種の違いを表すが，本書では始点・終点の組合せの違いを表す．ある品種の始点と終点間の移動すべきモノまたはその量を**需要** (demand) とよぶ．同一のネットワーク上で一つの品種を取り扱うモデルを1品種モデル，複数の品種を取り扱うモデルを**多品種** (multicommodity) モデルとよぶ．

アークには**重み** (weight) が与えられている．対象とする問題によって，重みは費用，長さや時間などとなる．アークには方向性をもつものともたないものがあり，アーク上で移動できる方向が決まっているアークを向きをもつアーク，両方向の移動ができるアークを向きをもたないアークとよぶ．アークの両端のノードをアークの**端点** (end point)[*1] とよぶ．アークが向きをもつ場合，アークが出るノードをアークの始点，入るノードをアークの終点とよぶ．両端点が同一ノードであるアークを**自己ループ** (self-loop)，二つのノード間に複数のアークがあるものを**多重アーク** (multiple arcs) とよぶ．自己ループと多重アークを含まないグラフを**単純グラフ** (simple graph) とよぶ．本書では断りのない限り，単純グラフを対象とする．

二つのノード間をつなぐノードとアークの集合を**パス** (path) または路とよぶ．パスのうち，始点と終点が一致するものを**閉路** (cycle) とよぶ．始点と終点間のパスに含まれるアークの長さの合計を始点・終点間の**距離** (distance) とよぶ．始点・終点間をモノが移動するとき，そのパスと移動する量をあわせて**フロー** (flow)，移動する量をフロー量とよぶ．

ネットワークに含まれるノードを二分割したノード集合のそれぞれに，一方の端点を含むアーク集合を**カットセット** (cut-set) とよぶ．カットセットに含まれるアークを取り除くと，ネットワークは二つに分割される．閉路を含まないグラフを**木** (tree)，すべてのノードを含む木を**全域木** (spanning tree) とよぶ．ま

[*1] 線形計画問題における実行可能領域内の制約式の交点も**端点** (extreme point) とよぶ．

た，すべてのノード間にパスが存在するグラフを**連結グラフ** (connected graph) とよび，連結グラフに含まれるノードやアークの集合を**連結成分** (connected component) とよぶ．

ノード集合を N，アーク集合を A，品種集合を K とする．N, A で構成されるグラフネットワークを $G(N,A)$ と表す．また，後述のデザイン変数ベクトル $\boldsymbol{y}$ を用いて $G(\boldsymbol{y})$，または単に G と表すこともある．$|\cdot|$ は集合の要素数を表し，たとえば $|N|$ はノード数を表す．また，変数の太文字はベクトル表現であり，たとえば $x_{ij}(i,j\in N)$ のベクトル表現は $\boldsymbol{x}$ となる．

ネットワークフロー問題やネットワーク設計問題において，アーク上を需要が通るときに発生する変動的な費用を**フロー費用** (flow cost)，アークをネットワークに加えたときに発生する固定的な費用を**デザイン費用** (design cost) とよび，処理できるアーク上のフロー量の上限を**アーク容量** (arc capacity) とよぶ．問題の定式化において，アーク上のフロー量を表す変数を**アークフロー変数** (arc flow variable)，パス上のフロー量を表す変数を**パスフロー変数** (path flow variable)，アークをネットワークに含むか否かを表す 0–1 変数を**デザイン変数** (design variable) とよぶ．

●1.2● 最短路問題 ●

ネットワーク上の二つのノード間の距離 (費用，時間) が最小となるパスを**最短路** (shortest path) とよび，始点・終点間の最短路を求める問題を**最短路問題** (shortest path problem) とよぶ．近年では，カーナビゲーションシステムや鉄道経路検索など，身近なところで最短路問題が活用されている．

> **(最短路問題)** ノード集合 N，長さ $\boldsymbol{c}$ をもつアーク集合 A，始点 $s(\in N)$ と終点 $t(\in N)$ が与えられている．このとき，始点 s と終点 t 間の距離が最小となるパスを求めよ．

始点が一つである問題を **1 始点最短路問題** (single source shortest path problem) とよぶ．この問題では，終点が一つである場合や始点以外のすべてのノー

ドである場合がある．すべてのノードを始点と終点とし，すべてのノード間の最短路を求める問題を**全対間最短路問題** (all-pairs shortest path problem) とよぶ．

一般的には，アークの長さは正である．しかし，アークの長さが利益である場合や，他の最適化問題の部分問題として最短路問題が現れる場合には，アークの長さが負である場合がある．閉路に含まれるアークの長さの合計が負であるような閉路を**負閉路** (negative cycle) とよぶ．パス上にノードの重複を許す場合，負閉路を含むネットワークでは距離が $-\infty$ のパスが存在するため，最短路は定義できない．

1.2.1 Dijkstra 法

アークの長さがすべて非負であるネットワーク上の 1 始点最短路問題は，**Dijkstra 法** (Dijkstra's algorithm) によって効率的に解くことができる．

始点 s 以外のすべてノードを終点とし，アーク (i,j) の長さを c_{ij} とする．すべてのノードに二種類のラベル (label) をつける．最短距離に関するラベルを**距離ラベル** (distance label) とよび，v で表す．ノード i のラベル値 v_i は，始点 s からノード i までの現在判明している最短距離を表す．距離ラベルの内，ラベル値が始点からの真の最短距離に確定したものを**永久ラベル** (permanent label)，今後減少する可能性のあるものを**一時ラベル** (temporary label) とよぶ．一方，最短路におけるノードの前後関係に関するラベルを**親ラベル** (parent label) とよび，p で表す．親ラベルは，最短路上における一つ前のノードを表す．これらのラベル値を計算過程の中で更新していく手法を**ラベリング法** (labeling algorithm) とよぶ．

Dijkstra 法はラベリング法の一つであり，すべての終点の距離ラベルが永久ラベルになるまで，以下のようにラベル値の更新を繰り返す．一時ラベルのついたノードの中で，ラベル値が最小であるノード i を選択し，i に永久ラベルをつける．次に，i と一時ラベルのついているノード j 間のアーク (i,j) について，ノード i を経由してアーク (i,j) を利用した j までの距離 $v_i + c_{ij}$ を求め，これが現在の j のラベル値 v_j より小さい，すなわち $v_j > v_i + c_{ij}$ であれば $v_j := v_i + c_{ij}$ として，ラベル値を更新する．

Dijkstra 法

[ステップ1] $N_p := \emptyset$, $N_t := N$, $v_s := 0$, $v_i := \infty (i \in N \backslash \{s\})$, $p_i := i (i \in N)$ とする.

[ステップ2] N_t に含まれるノードの中で，距離ラベルのラベル値が最小であるノード i を選択し，$N_p := N_p \cup \{i\}$, $N_t := N \backslash \{i\}$ とする. $v_i = \infty (i \in N_t)$ であれば，終了する.

[ステップ3] ノード i を始点，N_t に含まれるノード j を終点とするすべてのアーク (i,j) に対して，以下の操作を行う.

- $v_j > v_i + c_{ij}$ であれば，$v_j := v_i + c_{ij}$, $p_j := i$ としてラベル値を更新する.

[ステップ4] $N_t := \emptyset$ であれば終了する．そうでなければ，ステップ2へ戻る.

ここで，N_p は距離ラベルに永久ラベルがついたノードの集合，N_t は一時ラベルがついたノードの集合である．終点から親ラベル p の示すノードをたどり，始点 s に至るパスが始点・終点間の最短路となる．

ステップ1では，初期の距離ラベルの値を始点は 0，それ以外のノードは ∞ とし，続くステップ2で始点の距離ラベルを永久ラベル，その他のノードの距離ラベルを一時ラベルとする．ステップ2では，一時ラベルがついたノード集合 N_t の中で，ラベル値が最小のノードを選び，永久ラベルをつける．ステップ3では，新たに永久ラベルがついたノードと一時ラベルがついたノード集合間のすべてのアークに対して，このアークを利用した距離を求める．この距離が，現在わかっている最短距離であるラベル値よりも小さければ，このアークを利用した新たな最短路が見つかったことになり，ラベル値を更新する．ステップ4で，$N_t := \emptyset$ であれば，すべてのノードの距離ラベルが永久ラベルとなるため，終了する．また，ステップ2において，N_t に含まれるすべてのノードのラベル値が ∞ である場合，N_t に含まれるノードと始点 s は非連結となり，これらのノードへの最短距離は存在しない．

帰納法を用いて，ステップ2において選ばれたノード i のラベル値 v_i が s から i までの最短距離となることを説明する．はじめに，$v_l (l \in N_p)$ がノード l ま

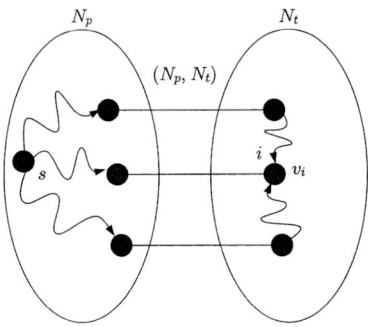

図 1.1 Dijkstra 法の最適性

での最短距離であると仮定する．$N_p = \{s\}$ のときは $v_s = 0$ であるため，明らかに成り立つ．次に，$N_p \cup \{i\}$ においても，仮定が成り立つことを示す．

N_t の中でラベル値が最小のノード i を選択した時点において，$r (\in N_p)$, $q (\in N_t)$ であるアーク (r, q) の集合であるカットセットを (N_p, N_t) とする (図 1.1)．$v_l (l \in N_p)$ はノード l までの最短距離であるので，v_i は N_p に含まれるノードのみを経由した場合の最短距離となる．そのため，v_i が真の最短距離でないとすると，$N_t \setminus \{i\}$ に含まれるノードを経由した最短路が存在することになる．現在，i は N_t に含まれているので，始点 s から i へのパスは (N_p, N_t) に含まれるアークを必ず含む．$v_i \leq v_q (q \in N_t)$ であり，アークの長さは非負であるため，s からのパスが (N_p, N_t) に含まれるアークの端点のうち，N_t に含まれるノードを経由した時点で，これらのパスの長さは必ず v_i 以上となる．これは，$N_t \setminus \{i\}$ に含まれるノードを経由した場合に，v_i 未満の距離の最短路が存在することに矛盾する．したがって，v_i が s から i までの最短距離となり，$N_p \cup \{i\}$ においても仮定が成り立つ．

以上のことから，$N_t := \emptyset$，すなわち $N_p = N$ となれば，すべての終点までの最短距離が求まることになる．

ステップ 2 において，最大で $|N|$ 個から最小のラベル値がついたノードを選択する操作が $|N|$ 回繰り返されるので，単純なデータ構造を用いると $O(|N|^2)$[*2)]の

[*2)] $O(\cdot)$ は O 記法である．アルゴリズムの計算量を $f(|N|)$ とする．$0 < f(|N|) < c|N|^2$ (c は正の定数) のように計算量の上限が $c|N|^2$ で押さえられるとき，アルゴリズムの計算量を $O(|N|^2)$ と表現する．

計算量を要する．また，ステップ3において，すべてのアークが一回ずつ計算されるので $O(|A|)$ の計算量を要する．したがって，Dijkstra 法の**計算量** (computational complexity) は，単純な方法では $O(|A|+|N|^2)$ となる．しかし，最小のラベル値の選択にヒープなどのデータ構造を用いて工夫を行うと $O(|A|\log|N|)$，さらに Fibonacci ヒープを用いると $O(|A|+|N|\log|N|)$ に計算量を抑えることができる．

1.2.2 ラベル修正法

アークの長さが負である場合も適用できる解法として，**ラベル修正法** (label correcting algorithm)[1] がある．この方法は，**Bellman–Ford 法** (Bellman–Ford algorithm) ともよばれる．Dijkstra 法では各ノードは一度ずつしか選択されないが，ラベル修正法では同じノードが繰り返し選択される．

ノードに $1, 2, \cdots, |N|$ と番号をつけておき，この順番にノードを選択する．選択したノード i を端点とするアーク (i, j) について，このアークを利用した j までの距離 $v_i + c_{ij}$ と，ノード j の現在のラベル値 v_j を比較する．$v_j > v_i + c_{ij}$ であれば，$v_j := v_i + c_{ij}$ として，ラベル値を更新する．すべてのノードについて計算が終わるまでを1サイクルとよび，ラベル修正法ではこのサイクルを $|N|$ 回繰り返す．

ラベル修正法

[ステップ1] $v_s := 0,\ v_i := \infty (i \in N\setminus\{s\}),\ p_i := i (i \in N),\ l := 1$ とする．

[ステップ2] $i := 1$ とする．

[ステップ3] ノード i を端点とするすべてのアーク (i, j) に対して，以下の操作を行う．
- $v_j > v_i + c_{ij}$ であれば，$v_j := v_i + c_{ij},\ p_j := i$ としてラベル値を更新する．

[ステップ4] $i < |N|$ ならば，$i := i + 1$ として，ステップ3へ戻る．

[ステップ5] $l < |N|$ ならば，$l := l + 1$ として，ステップ2へ戻る．

[ステップ6] 終了する．$v_j > v_i + c_{ij}$ である j が存在すれば，ノード j

を含む負閉路が存在する．

　終点から親ラベル p の示すノードをたどり，始点 s に至るパスが始点・終点間の最短路となる．また，$l = |N|$ のときにラベル値が更新されたノードの親ラベルをたどれば，負閉路を求めることができる．

　l 回目のサイクルにおいて，ステップ 3 でラベル値が一度も更新されなければ，以後ラベル値が更新されることはないため，アルゴリズムを終了することができる．

　ステップ 2〜4 を $|N|$ 回繰り返し，ステップ 3 とステップ 4 ですべてのアークを走査するので，ラベル修正法の計算量は $O(|N||A|)$ である．

1.2.3　Floyd–Warshall 法

　多品種をもつネットワーク問題，すなわち一つのネットワーク上で多数の始点と終点の組合せをもつモデルでは，複数の始点・終点の最短路を同時に求めることが必要となる．もちろん，始点を変えて Dijkstra 法を繰り返すことによって最短路を求めることができるが，すべてのノード間の最短路を同時に求める解法として **Floyd–Warshall 法** (Floyd–Warshall algorithm) がある．Floyd–Warshall 法では，一部のノードを経由したときの最短距離であるラベル値をもとに，経由するノードを一つずつ増やしたときの最短距離を計算し，ラベル値を更新する．

　ノードに $1, \cdots, |N|$ の番号をつけておく．現在わかっているノード i, j 間の最短距離を表す距離ラベルを v_{ij} とし，i から j への最短路上で j の一つ前のノードを表す親ラベルを p_{ij} とする．

　$1, \cdots, l-1$ までのノードを経由したノード i, j 間の最短距離 v_{ij} が求められているものとする．新たにノード l を経由した i, j 間の距離 $v_{il} + v_{lj}$ を計算し，v_{ij} と比較する．このとき，$v_{ij} > v_{il} + v_{lj}$ であれば，$1, \cdots, l$ までのノードを経由した新たな最短距離が見つかったことになり，$v_{ij} := v_{il} + v_{lj}$ としてラベル値を更新する．$l = |N|$ となるまで繰り返せば，すべてのノードを経由した最短距離を求めることができる．

Floyd–Warshall 法

[ステップ 1] $v_{ii} := 0 (i \in N)$, $v_{ij} := c_{ij}((i,j) \in A)$, $v_{ij} := \infty (i, j \in N, (i,j) \notin A)$, $p_{ij} := i (i, j \in N)$ とする.$l := 1$ とする.

[ステップ 2] すべてのノード対 $i(\in N)$, $j(\in N)$ に対して,以下の操作を行う.

- $v_{ij} > v_{il} + v_{lj}$ であれば, $v_{ij} := v_{il} + v_{lj}$, $p_{ij} := p_{lj}$, としてラベル値を更新する.

[ステップ 3] $l < |N|$ ならば, $l := l + 1$ として,ステップ 2 へ戻る.

[ステップ 4] 終了する.$v_{ii} < 0$ であるノードが存在すれば,ノード i を含む負閉路が存在する.

ステップ2~3において $|N|^3$ 回の演算を行うので,Floyd–Warshall 法の計算量は $O(|N|^3)$ である.

1.2.4 アークの長さが変化したときの最短路問題

ネットワーク設計問題では,一本のアークをネットワークから取り除いた (またはアークの長さが増加した) 場合や,一本のアークをネットワークに加えた (またはアークの長さが減少した) 場合の複数の始点・終点間の最短路を繰り返し求めることが必要となる.もちろん,アークの長さが変化したネットワークで,新たに Floyd–Warshall 法などを用いれば最短路を求めることができる.しかし,ネットワーク設計問題では,バックワード法といった貪欲法であっても,一本のアークを取り除いた場合の最短路問題を $O(|A|^2)$ 回も解き直すため,効率的な解法が必要となる.このようにアークの長さが変化したときの最短路問題の解法として,**Murchland 法** (Murchland's algorithm)[71,86] がある.なお,ここではすべてのアークの長さが非負であるネットワークを対象とする.

現在のネットワーク G において,すべてのノード間の最短距離 v が求められているものとする.アーク (p,q) の長さが c_{pq} から c'_{pq} に増加し,ネットワーク G が G' となったとする.アークを取り除く場合は,$c'_{pq} = \infty$ と考えればよい.この場合,最短路が変化するのは,明らかに G においてアーク (p,q) を最

短路に含む場合に限られる．最短路にアーク (p,q) を含むときは，始点・終点間の最短距離とアーク (p,q) を経由したときの最短距離が等しい場合に限られる．そこで，このような始点・終点対を列挙し，Floyd–Warshall 法を用いて，これらに対して G' における始点・終点間の最短距離を計算する．

Murchland 法 (アークの長さが増加)

[ステップ 1] G におけるノード $i(\in N)$, $j(\in N)$ 間の最短距離を v_{ij} とする．長さが増加するアークを (p,q) とする．$K' = \emptyset$ とする．

[ステップ 2] すべてのノード対 $s(\in N)$, $t(\in N)$ について，以下の操作を行う．

- $v_{st} = v_{sp} + c_{pq} + v_{qt}$ または $v_{st} = v_{sq} + c_{qp} + v_{pt}$ であれば，$K' = K' \cup \{(s,t)\}$ とする．

[ステップ 3] すべての $(s,t)(\in K')$ に対して，G' における始点・終点対間の最短距離を計算する．

ここで，K' は G において (p,q) を最短路に含む始点・終点対の集合である．また，ステップ 3 における $(s,t)(\in K')$ 間の最短距離は，Floyd–Warshall 法のステップ 2 において「すべてのノード対 $(s,t)(\in K')$ に対して，以下の操作を行う．」と変更することによって，求めることができる．

一方，現在のネットワーク G で，アーク (p,q) の長さが c_{pq} から $c'_{pq}(\geq 0)$ に減少し，G が G' になる場合を考える．アークを加える場合は，$c_{pq} = \infty$ と考えればよい．この場合，最短距離が変化するのは，G' において (p,q) を最短路に含む場合に限られる．そこで，G' において，すべてのノードと p 間，すべてのノードと q 間について，(p,q) を経由したときの最短距離を計算する．続いて，G における最短距離と G' において (p,q) を経由した最短距離を比べ，これらの最小のものが G' における最短距離となる．

Murchland 法 (アークの長さが減少)

[ステップ 1] G におけるノード $i(\in N)$, $j(\in N)$ 間の最短距離を v_{ij} とする．長さが c'_{pq} に減少するアークを (p,q) とする．

[ステップ 2] すべてのノード $i(\in N)$ について，$v'_{iq} := \min(v_{iq}, v_{ip} + c'_{pq})$,

$$v'_{ip} := \min(v_{ip}, v_{iq} + c'_{qp}) \text{ とする.}$$

[ステップ 3] すべてのノード対 $i(\in N)$, $j(\in N)$ について,
$$v'_{ij} := \min(v_{ij}, v'_{iq} + v'_{qj}, v'_{ip} + v'_{pj}) \text{ とする.}$$

ここで, v'_{ij} は G' におけるノード i, j 間の新たな最短距離である.

Murchland 法の計算量は, アークの長さが増加したネットワークでは $O(|N|^3)$, アークの長さが減少したネットワークでは $O(|N|^2)$ である. しかし, アークの長さが増加したネットワークであっても, 最短路を再計算する始点・終点対の数が限られるため, Floyd–Warshall 法を用いる場合よりも高速な解法となる.

1.3 最小木問題

最小木問題 (minimum spanning tree problem) は, アークの重みの合計が最小となるような全域木である最小木 (minimum spanning tree) を求める問題であり, ネットワーク設計問題の最も基本的な問題である.

(最小木問題)　ノード集合 N, 重み f をもつアーク集合 A が与えられている. このとき, アークの重みの和 $\sum_{a \in A'} f_a$ が最小となる全域木 $T(A')(A' \subseteq A)$ を求めよ.

ここで, f_a はアーク a の重み, $T(A')$ はアーク集合 A' を成分とする全域木である.

全域木 T は次のような性質をもつ.
 a) T に含まれるアーク数は $|N| - 1$ 本である.
 b) T に任意のアークを加えると閉路が発生する.
 c) T に含まれるアークを取り除くと非連結となる.
 d) 二つのノード間には, 一本のパスが存在する.

1.3.1 Kruskal 法

Kruskal 法 (Kruskal's algorithm) は, $A' = \emptyset$ である $G(N, A')$ からはじめ,

重みの小さい順にネットワークにアークを加えることを繰り返して，最小木を求める方法である．ただし，アークを加えるときに閉路が生じる場合は木ではなくなるため，このようなアークは加えない．

Kruskal 法

[ステップ1]　$A' := \emptyset$, $l := 1$ とする．

[ステップ2]　重み $f_a(a \in A)$ の昇順にアークをソートする．ソートされたアークを $a_1, \cdots, a_{|A|}$ とする．

[ステップ3]　$G(N, A' \cup \{a_l\})$ が閉路を含まないならば，$A' := A' \cup \{a_l\}$ とする．

[ステップ4]　$|A'| = |N|-1$ であれば終了する．そうでなければ，$l := l+1$ とし，ステップ3へ戻る．

ノード集合 N を N_1 と N_2 に分割する．$i(\in N_1)$, $j(\in N_2)$ であるアーク (i,j) の集合であるカットセットを (N_1, N_2) とし，(N_1, N_2) 内の最小の重みをもつアークを a とする (図 1.2)．ここで，最小木 T にアーク a が含まれないと仮定する．木 T にアーク a を加えると閉路ができる．続いて，(N_1, N_2) に含まれる閉路上のアーク a' を取り除くと，新たな木 T' が生成される．$f_{a'} \geq f_a$ であるため，木 T' の重みの総和は T より減少する (または等しい)．これは，T が最小木である ($f_{a'} = f_a$ のときは最小木に a が含まれない) ことに矛盾する．

一方，Kruskal 法のステップ 3 では，常に a_l の一方の端点を含む連結成分に含まれるノードとそれ以外のノード間のカットセット上の最小の重みをもつアーク a_l が選択されている．このため，Kruskal 法によって求められた木は最小木となる．Kruskal 法の計算量は，ヒープを用いれば $O(|A| \log |N|)$ である．

1.3.2　Prim 法

Prim 法 (Prim's algorithm) は，適当なノードを初期の連結成分として，この連結成分に片方の端点を含むアークの中で重みが最小のものを加えることを繰り返して，最小木を求める方法である．

1.3 最小木問題

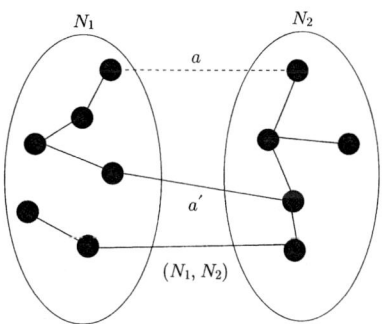

図 1.2 Kruskal 法の最適性

Prim 法

[ステップ1] 適当なノード $i(\in N)$ を選ぶ．$A' := \emptyset$，$N' := \{i\}$ とする．

[ステップ2] $i \in N'$，$j \in N \backslash N'$ であるすべてのアーク (i,j) の中で，重み f_a が最小となるアーク $a^* = (i^*, j^*)$ を求める．

[ステップ3] $A' := A' \cup \{a^*\}$，$N' := N' \cup \{j^*\}$ とする．

[ステップ4] $N' = N$ であれば終了する．そうでなければ，ステップ2へ戻る．

常にカットセット $(N', N \backslash N')$ において重みが最小であるアークが加えられているため，Prim 法で求められた木は最小木となる．Prim 法の計算量は，ヒープを用いると $O(|A| \log |N|)$ となるが，Fibonacci ヒープを用いれば $O(|A| + |N| \log |N|)$ となる．

2 ネットワークフロー問題

　本章では，ネットワーク上で始点・終点間のモノの移動であるフローを扱う問題を対象とする．最小費用フロー問題は1品種を対象とする問題であり，アーク容量と需要が与えられたときに，全体のフロー費用が最小となるフローを求める問題である．また，同一のネットワーク上で複数の品種を扱う問題を多品種フロー問題とよぶ．これらの二つの問題はフロー費用がフロー量の線形関数として表される問題である．一方，交通計画などでは，交通の集中による混雑や渋滞を考慮するため，フロー費用 (走行時間) がフロー量 (走行量) に対して非線形関数として表される問題が対象となる．このような問題の内，利用される複数のパスのフロー費用が均衡するという利用者均衡条件を満足するフローを求める問題を利用者均衡フロー問題とよぶ．

　1品種の最小費用フロー問題に対しては，ネットワークの構造を利用した効率的な**多項式オーダー** (polynomial order) の解法が示されている．しかし，多品種フロー問題に関しては，1品種問題に対するような効率的な解法は示されていない．一方，利用者均衡フロー問題は非線形関数を含むため，非線形問題に対する解法が適用される．

● 2.1 ● 最小費用フロー問題 ●

　最小費用フロー問題 (minimum cost flow problem) は，アーク容量をもつネットワーク上で，全体のフロー費用が最小となる始点・終点間のモノの移動であるフローを求める問題である．

(最小費用フロー問題)　　ノード集合 N, フロー費用 c とアーク容量 C をもつアーク集合 A, 始点 $s(\in N)$ と終点 $t(\in N)$, s と t 間の需要 d が与えられている.このとき,すべてのアーク上のフロー量がアーク容量以下であり,フロー費用の合計が最小となる s, t 間のフローを求めよ.

アーク (i,j) 上の単位当たりのフロー費用を c_{ij}, アーク上のフロー量を表すアークフロー変数を x_{ij}, アーク容量を C_{ij} とする.アークは向きをもつものとし,ノード n を始点とするアークの終点の集合を N_n^-, ノード n を終点とするアークの始点の集合を N_n^+ とする.このとき,最小費用フロー問題の**定式化** (formulation) は次のようになる.

最小化　$\sum_{(i,j)\in A} c_{ij} x_{ij}$

条件　$\sum_{i\in N_n^+} x_{in} - \sum_{j\in N_n^-} x_{nj} = \begin{cases} -d & if\ n=s \\ d & if\ n=t \\ 0 & otherwise \end{cases} \quad \forall n\in N \quad (2.1)$

$0 \leq x_{ij} \leq C_{ij} \quad \forall (i,j)\in A \qquad (2.2)$

目的関数はフロー費用の総和であり,これを最小化する.(2.1) 式は,ノード n における流入量と流出量の差が,n が始点 s であれば $-d$, 終点 t であれば d, その他のノードであれば 0 となることを表す.この式は**フロー保存式** (flow conservation constraint) とよばれ,必ず需要が始点から終点に移動することを保証する.(2.2) 式は,アーク上のフロー量が 0 以上で,アーク容量以下であることを表し,後者は**容量制約式** (capacity constraint) とよばれる.

最小費用フロー問題は**線形計画問題** (linear programming problem; A.1 節参照) である.そこで,(2.1) 式に対する**双対変数** (dual variable) を v, (2.2) 式の右側に対する双対変数を $w(\geq \mathbf{0})$ とすると,この問題の**双対問題** (dual problem; A.2 節参照) は次のようになる.

最大化　$d(v_t - v_s) - \sum_{(i,j)\in A} C_{ij} w_{ij}$

条件　$v_j - v_i \leq c_{ij} + w_{ij} \quad \forall (i,j) \in A$
$\quad w_{ij} \geq 0 \quad\quad\quad\quad \forall (i,j) \in A$

線形計画問題の**相補性条件** (complementarity condition) より，二つの問題の最適解は次式を満足する．

$$x_{ij}(v_j - v_i - c_{ij} - w_{ij}) = 0 \quad \forall (i,j) \in A$$
$$(x_{ij} - C_{ij})w_{ij} = 0 \quad\quad \forall (i,j) \in A$$

これらの相補性条件から，

$$w_{ij} = 0 \quad\quad\quad\quad\quad if\ x_{ij} = 0$$
$$w_{ij} = 0,\ v_j - v_i = c_{ij} \quad if\ 0 < x_{ij} < C_{ij}$$
$$v_j - v_i = c_{ij} + w_{ij} \quad if\ x_{ij} = C_{ij}$$

となり，これらと制約式から，実行可能解の最適性条件は次のようにまとめることができる．

$$v_j - v_i \leq c_{ij} \quad if\ x_{ij} < C_{ij} \tag{2.3}$$
$$v_j - v_i \geq c_{ij} \quad if\ x_{ij} > 0 \tag{2.4}$$

適当なフローが与えられたとき，アーク容量の残余または逆向きのフロー量を**残余容量** (residual capacity) とよぶ．適当な解 $\boldsymbol{x}$ に対して，次のようなアークをもつ**残余ネットワーク** (residual network) $G^r(\boldsymbol{x})$ を作成する．

a) アーク集合 A^+, A^-:

$$A^+ = \{(i,j) \in A | x_{ij} < C_{ij}\}$$
$$A^- = \{(i,j) | (j,i) \in A, x_{ji} > 0\}$$

b) 残余容量 $\boldsymbol{C}^r$:

$$C^r_{ij} = \begin{cases} C_{ij} - x_{ij} & if\ (i,j) \in A^+ \\ x_{ji} & if\ (i,j) \in A^- \end{cases}$$

c) フロー費用 $\boldsymbol{c}^r$:

2.1 最小費用フロー問題

$$c_{ij}^r = \begin{cases} c_{ij} & if\ (i,j) \in A^+ \\ -c_{ji} & if\ (i,j) \in A^- \end{cases}$$

ここで,x に関して,A^+ はアーク容量に残余があるアーク集合,A^- は逆向きのアークにフローが存在するアーク集合である.また,C^r は A^+, A^- に含まれるアークのアーク容量,c^r はフロー費用である.

実行可能解 x に対して,アークの長さを c^r とした $G^r(x)$ 上の最短路問題において,最適なラベル値 v は,

$$v_j - v_i \leq c_{ij}^r \quad \forall (i,j) \in A^+ \cup A^- \tag{2.5}$$

を満足する.このとき,$G^r(x)$ 上の閉路 $p = (i_0, i_1, \cdots, i_r)$ $(i_0 = i_r)$ に対して,p 上のアークの長さの合計は,

$$\sum_{k=0}^{r-1} c_{i_k i_{k+1}}^r \geq \sum_{k=0}^{r-1} (v_{i_{k+1}} - v_{i_k}) = 0$$

となるため,負閉路は存在しない.

一方,$G^r(x)$ において,$x_{ij} < C_{ij}$ であれば,アーク (i,j) について $v_j - v_i \leq c_{ij}$ である.また,$x_{ji} > 0$ であれば,アーク (j,i) について $v_i - v_j \leq c_{ji}^r = -c_{ij}$ であり,$v_j - v_i \geq c_{ij}$ となる.したがって,$G^r(x)$ において (2.5) 式が成り立つことは,最適性条件 (2.3) 式と (2.4) 式に一致する.

最小費用フロー問題の実行可能解 x が最適解であるための条件は,(2.3) 式と (2.4) 式が成り立つ,$G^r(x)$ において (2.5) 式が成り立つ,または $G^r(x)$ において負閉路が存在しないことである.

2.1.1 プライマル法

負閉路をなくすためには,実行可能解に対する残余ネットワーク G^r おいて負閉路を見つけ,この閉路上のフローを流しかえ,負閉路を除去していけばよい.負閉路はラベル修正法によって求めることができる.また,フローを流しかえることができる量は,閉路上のアークの残余容量の最小値である.このような方法を**プライマル法** (primal algorithm) とよぶ.

> **プライマル法**
> [ステップ 1]　実行可能解 x を求める．
> [ステップ 2]　x から，残余ネットワーク $G^r(x)$ を作成する．
> [ステップ 3]　アークの長さを c^r とした $G^r(x)$ おいて，負閉路 p を求める．負閉路がなければ終了する．
> [ステップ 4]　p 上のアークの中で，残余容量の最小値 $\tilde{C}^r$ を求める．
> $$x_{ij} := \begin{cases} x_{ij} + \tilde{C}^r & if\ (i,j) \in A^+\ and\ (i,j) \in p \\ x_{ij} - \tilde{C}^r & if\ (j,i) \in A^-\ and\ (j,i) \in p \\ x_{ij} & otherwise \end{cases}$$
> として x を更新し，ステップ 2 へ戻る．

ステップ 4 で，残余容量が $\tilde{C}^r$ であるアーク上のフローは 0 または C_{ij} となる．続くステップ 2 で，このアークは $G^r(x)$ から除去され，負閉路 p も除去される．ステップ 1 の実行可能解は，たとえば始点 s・終点 t 間にフロー費用とアーク容量の大きなダミーアークを加え，このアークに需要 d を流すことによって得られる．

2.1.2　プライマル・デュアル法

フローのない状態から，逐次，残余ネットワーク G^r において始点・終点間の最小費用パスを求め，このパスにフローを加えていく方法を**プライマル・デュアル法** (primal-dual algorithm) とよぶ．最小費用パスは，ラベル修正法で求めることができる．このパスに付加できる量は，パス上のアークの残余容量の最小値と需要の残余の小さい方である．

> **プライマル・デュアル法**
> [ステップ 1]　$x := 0$, $f := 0$ とする．
> [ステップ 2]　x から，残余ネットワーク $G^r(x)$ を作成する．最短路問題の距離ラベルを v とする．
> [ステップ 3]　アークの長さを c^r とした $G^r(x)$ において，始点 s から終点

t への最短路 p と v を求める．$v_t = \infty$ となり，最短路が求まらない場合は終了する．

[**ステップ 4**]　p 上のアークの中で，残余容量の最小値 $\tilde{C}^r$ を求め，

$$\Delta f := \min(\tilde{C}^r, d - f)$$
$$f := f + \Delta f$$
$$x_{ij} := \begin{cases} x_{ij} + \Delta f & if \ (i,j) \in A^+ \ and \ (i,j) \in p \\ x_{ij} - \Delta f & if \ (j,i) \in A^- \ and \ (j,i) \in p \\ x_{ij} & otherwise \end{cases}$$

として x を更新する．

[**ステップ 5**]　$f = d$ であれば終了する．そうでなければ，ステップ 2 へ戻る．

ここで，f は現在のフロー量，Δf はパス p に付加するフロー量である．また，$v_t = \infty$ となる場合は，実行可能解が存在しない．ステップ 4 で求めたフロー x に対して，$G^r(x)$ 上の最短路問題を最適に解いているため，ラベル値 v は (2.5) 式を満足する．このため，$f = d$ であるフローについても (2.5) 式が成り立つ．

● 2.2 ●　多品種フロー問題　●

多品種フロー問題 (multicommodity flow problem；MCF) は，アーク容量と多品種の需要をもつネットワーク上で，フロー費用の合計が最小となる各品種のフローを求める問題である．多品種フロー問題に対しては，最短路問題や最小費用フロー問題のようなネットワークの構造を十分に活用した効率的な解法は開発されていない．

> **(多品種フロー問題 MCF)** ノード集合 N, フロー費用 c およびアーク容量 C をもつアーク集合 A, 需要 d をもつ品種集合 K が与えられている.このとき,すべてのアーク上のフロー量がアーク容量以下であり,フロー費用の合計を最小にする各品種のフローを求めよ.

アーク (i,j) 上の品種 k の単位当たりのフロー費用を c_{ij}^k, アークフロー変数を x_{ij}^k とする.品種 k の始点を O^k, 終点を D^k, 需要を d^k とする.このとき,MCF のアークフローによる定式化 (arc flow formulation) は次のようになる.

最小化 $\quad \sum_{(i,j)\in A}\sum_{k\in K} c_{ij}^k x_{ij}^k$

条件 $\quad \sum_{i\in N_n^+} x_{in}^k - \sum_{j\in N_n^-} x_{nj}^k = d_n^k \quad \forall n\in N, k\in K \quad (2.6)$

$\quad\quad\quad \sum_{k\in K} x_{ij}^k \leq C_{ij} \quad\quad\quad\quad\quad \forall (i,j)\in A \quad\quad\quad (2.7)$

$\quad\quad\quad 0 \leq x_{ij}^k \leq d^k \quad\quad\quad\quad\quad\quad \forall (i,j)\in A, k\in K \quad (2.8)$

ここで,d_n^k は,ノード n が品種 k の始点 O^k であれば $-d^k$,終点 D^k であれば d^k,それ以外のノードであれば 0 である定数である.

目的関数はフロー費用の総和であり,これを最小化する.(2.6) 式は,ノード n における品種 k の流入量と流出量の差が,n が品種 k の始点 O^k であれば $-d^k$,終点 D^k であれば d^k,その他のノードであれば 0 となることを表すフロー保存式である.(2.7) 式は,アーク上のフロー量の合計がアーク容量以下であることを表す容量制約式である.(2.8) 式は,アークフロー変数の下限と上限を表す.

ベクトルを用いて,MCF を表現する.品種 k のアークフロー変数ベクトルを $\boldsymbol{x}^k = (x_{ij}^k)$, フロー費用ベクトルを $\boldsymbol{c}^k = (c_{ij}^k)$ とし,アーク容量ベクトルを $C = (C_{ij})$ とする.また,品種 k について,$|A|$ 個の同一の成分からなる需要ベクトルを $\boldsymbol{d}^k = (d^k)$ とし,ノードに関する需要ベクトルを $\boldsymbol{d}_n^k = (d_n^k)$ とする.また,0 ベクトルを $\boldsymbol{0}$,品種 k のフロー保存式である (2.6) 式における $\boldsymbol{x}^k$ の接続行列を B^k とする.このとき,MCF のベクトルを用いた定式化は次のようになる.

2.2 多品種フロー問題

$$\text{最小化} \quad \sum_{k \in K} c^k x^k$$
$$\text{条件} \quad B^k x^k = d_n^k \quad \forall k \in K$$
$$\sum_{k \in K} x^k \leq C$$
$$0 \leq x^k \leq d^k \quad \forall k \in K$$

2.2.1 価格主導による分解法

価格主導による分解法 (price-directive decomposition algorithm)[54] は, MCF に **Dantzig–Wolfe 分解法** (Dantzig–Wolfe decomposition algorithm) を適用した解法である.

品種 $k(\in K)$ に対して, $\{B^k y^k = d_n^k, \, 0 \leq y^k \leq d^k\}$ を満足する解集合を Ω^k とし, Ω^k の l 番目の端点を $\tilde{y}_l^k$, その添え字の集合を Y^k とおく. このとき, $x^k(\in \Omega^k)$ は, 端点の**凸結合** (convex combination) を用いて, $x^k = \sum_{l \in Y^k} \tilde{y}_l^k \lambda_l^k$ と表すことができる. ここで, λ は端点の凸結合係数を表す変数であり, $\sum_{l \in Y^k} \lambda_l^k = 1, \, \lambda_l^k \geq 0 (l \in Y^k)$ を満足する.

これらを用いると, MCF は次のような**主問題** (master problem) として表すことができる.

$$\text{最小化} \quad \sum_{k \in K} \sum_{l \in Y^k} c^k \tilde{y}_l^k \lambda_l^k$$
$$\text{条件} \quad \sum_{k \in K} \sum_{l \in Y^k} \tilde{y}_l^k \lambda_l^k + s = C \quad (2.9)$$
$$\sum_{l \in Y^k} \lambda_l^k = 1 \quad \forall k \in K \quad (2.10)$$
$$\lambda_l^k \geq 0 \quad \forall l \in Y^k, \, k \in K$$
$$s \geq 0$$

ここで, s は容量制約式に対する非負の**スラック変数** (slack variable) である.

(2.9), (2.10) 式に対する双対変数をそれぞれ u, w とすると, **Lagrange 関数** (Lagrangian function) L は次のようになる.

$$L = \sum_{k \in K} \sum_{l \in Y^k} c^k \tilde{y}_l^k \lambda_l^k + u \Big(C - \sum_{k \in K} \sum_{l \in Y^k} \tilde{y}_l^k \lambda_l^k - s \Big)$$

$$+ \sum_{k \in K} w^k \Big(1 - \sum_{l \in Y^k} \lambda_l^k\Big)$$
$$= \sum_{k \in K} \sum_{l \in Y^k} \{(c^k - u)\tilde{y}_l^k - w^k\}\lambda_l^k - us + uC + \sum_{k \in K} w^k$$

したがって，各変数に対する**被約費用** (reduced cost) $\bar{c}$ は次のようになる．

$$\bar{c} = \begin{cases} (c^k - u)\tilde{y}_l^k - w^k & for \ \boldsymbol{\lambda}^k \\ -u & for \ s \end{cases}$$

一般に，膨大な数の端点が存在するため，あらかじめすべての端点を列挙しておくことは困難である．そこで，適当な端点集合からはじめ，逐次，必要な端点を生成する．端点を限定した主問題を**限定主問題** (restricted master problem) とよぶ．限定された端点集合を $\bar{Y}^k (k \in K)$ とする．線形計画問題に対する**単体法** (simplex method；シンプレックス法) を用いて，この限定主問題を解いておく．この時点で，$\lambda_l^k (l \in \bar{Y}^k)$ および s の被約費用は非負であることに注意する．

単体法の基底変換では，被約費用が負である変数が基底に入る候補となる．品種 k に関する次のような**価格付け問題** (pricing problem) PR^k を解くことによって，被約費用が負である新たな端点を見つけることができる．

$$\begin{array}{ll} \text{最小化} & \sum_{(i,j) \in A}(c_{ij}^k - u_{ij})y_{ij}^k - w^k \\ \text{条件} & \sum_{i \in N_n^+} y_{in}^k - \sum_{j \in N_n^-} y_{nj}^k = d_n^k \quad \forall n \in N \\ & 0 \leq y_{ij}^k \leq d^k \quad \forall (i,j) \in A \end{array}$$

PR^k は，アーク (i,j) の長さを $c_{ij}^k - u_{ij}$ とした，品種 k の始点・終点間の最短路問題に帰着され，容易に解くことができる．また，PR^k の制約領域は Ω^k であり，線形計画問題であることから，PR^k の最適解は Ω^k の端点となる．

PR^k の最適解を $\tilde{y}^k$ としたとき，$\sum_{(i,j) \in A}(c_{ij}^k - u_{ij})\tilde{y}_{ij}^k - w_k < 0$ であれば，新たに被約費用が負である端点が見つかったことになる．そこで，この生成された端点を $\tilde{y}_{lk}^k$，$\tilde{y}_{lk}^k$ に対応する凸結合係数を λ_{lk}^k とし，限定主問題に追加する．また，すべての品種について $\sum_{(i,j) \in A}(c_{ij}^k - u_{ij})\tilde{y}_{ij}^k - w_k \geq 0$ であれば，最小の被約費用が非負となるため，MCF の最適解が求められたことになる．

> **価格主導による分解法**
>
> [ステップ1] 適当な端点集合 $\bar{Y}^k(k \in K)$ を含む限定主問題を解き，双対変数 u, w, および被約費用 $\bar{c}$ を求める．
>
> [ステップ2] すべての品種 $k(\in K)$ に対して価格付け問題 PR^k を解き，最適解 $\tilde{y}^k$ を求める．$(c^k - u)\tilde{y}^k - w_k < 0$ であれば，l^k 番目の端点 $\tilde{y}_{l^k}^k$ を生成する．
>
> [ステップ3] ステップ2で端点が生成された品種 k に対して，対応する $\lambda_{l^k}^k$ を生成し，$\bar{Y}^k := \bar{Y}^k \cup \{l^k\}$ とする．すべての品種について生成された端点がなければ，終了する．
>
> [ステップ4] 基底変換を行い，限定主問題を解き，u, w, $\bar{c}$ を更新する．ステップ2へ戻る．

2.2.2 資源主導による分解法

品種ごとのアーク容量として，アーク容量を各品種に適切に割り当てることができれば，MCF は品種ごとの最小費用フロー問題に分解することができる．このような考えを用いた方法が，**資源主導による分解法** (resource-directive decomposition algorithm)[53,54] である．

品種 k に割り当てるアーク (i,j) の容量を y_{ij}^k，そのベクトルを y^k または y とし，次のような問題 $RD(y)$ を考える．

最小化 $\quad \sum_{k \in K} c^k x^k$

条件 $\quad B^k x^k = d_n^k \quad \forall k \in K$

$\quad\quad\quad 0 \leq x^k \leq y^k \quad \forall k \in K$

ただし，y^k は次の容量制約式を満足する．

$$\sum_{k \in K} y^k = C \tag{2.11}$$

(2.8)式の右側はフロー保存式によって自動的に満たされるため，ここでは省略する．

(2.11) 式を満足する $\bar{y}$ が与えられたときに，$RD(\bar{y})$ が実行可能であれば，

$RD(\bar{y})$ の目的関数値は MCF の上界値となる．一方，MCF の最適解を $\hat{x}^k (k \in K)$ としたとき，すべての品種 k に対して $\hat{x}^k \leq \bar{y}^k$ であれば，$RD(\bar{y})$ の最適値は MCF の最適値となる．

$RD(y)$ は品種 k ごとの独立した次のような問題 $RD^k(y^k)$ に分割できる．

$$z^k(y^k) = 最小化 \quad c^k x^k$$
$$条件 \quad B^k x^k = d_n^k \qquad (2.12)$$
$$0 \leq x^k \leq y^k \qquad (2.13)$$

ここで，$z^k(y^k)$ は $RD^k(y^k)$ の目的関数値である．この問題はアーク容量を y^k とした 1 品種の最小費用フロー問題であり，容易に解くことができる．

(2.12)式に対する双対変数を v^k，(2.13)式の右側に対する双対変数を $w^k (\geq 0)$ とすると，$RD^k(y^k)$ の双対問題は次のようになる．

$$z^k(y^k) = 最大化 \quad v^k d_n^k - w^k y^k$$
$$条件 \quad v^k B^k - w^k \leq c^k$$
$$w^k \geq 0$$

$z^k(y^k)$ を用いると，MCF は y^k に関する次のような容量割当問題として表現できる．

$$最小化 \quad \sum_{k \in K} z^k(y^k)$$
$$条件 \quad \sum_{k \in K} y^k = C$$
$$y^k \geq 0 \quad \forall k \in K$$

y^k に対して $z^k(y^k)$ は区分線形的に変化するため，この問題は微分不可能な点を含む目的関数をもつ最適化問題となる．そこで，この容量割当問題に対して，**劣勾配法** (subgradient algorithm；A.11 節参照) を適用する．

$RD^k(y^k)$ の双対問題の最適解を $\hat{v}^k$, $\hat{w}^k$ とする．また，容量割当問題の実行可能解を $\bar{y}^k$ とし，$RD^k(\bar{y}^k)$ の双対問題の最適解を $\tilde{v}^k$, $\tilde{w}^k$ とする．このとき，

2.2 多品種フロー問題

$$\sum_{k \in K} z^k(y^k) - \sum_{k \in K} z^k(\bar{y}^k) = \sum_{k \in K} (\hat{v}^k d_n^k - \hat{w}^k y^k) - \sum_{k \in K} (\tilde{v}^k d_n^k - \tilde{w}^k \bar{y}^k)$$
$$\geq \sum_{k \in K} (\tilde{v}^k d_n^k - \tilde{w}^k y^k) - \sum_{k \in K} (\tilde{v}^k d_n^k - \tilde{w}^k \bar{y}^k)$$
$$= \sum_{k \in K} -\tilde{w}^k (y^k - \bar{y}^k)$$

となることから，$-\tilde{w}^k$ は $\bar{y}^k$ における y^k の**劣勾配** (subgradient) となる．

劣勾配 $-\tilde{w}^k$ を用いて，目的関数を改善する可能性のある次のような $\tilde{y}^k$ を求める．

$$\tilde{y}^k := \max\{0, \bar{y}^k - \theta \tilde{w}^k\} \quad \forall k \in K$$

ここで，θ はステップサイズであり，

$$\theta := \frac{\rho(UB - LB)}{\sum_{k \in K} (\tilde{w}^k)^2}$$

である．なお，ρ は 0 に収束する適当なパラメータ，UB と LB は適当な上界値と下界値である．

しかし，このままでは $\tilde{y}^k$ は容量制約式である (2.11) 式を満足するとは限らない．そこで，次の**射影問題** (projection problem) を解くことによって，$\tilde{y}^k$ の近傍で容量制約式を満足する解を求める．

$$\text{最小化} \quad \sum_{k \in K} (y^k - \tilde{y}^k)^2$$
$$\text{条件} \quad \sum_{k \in K} y^k = C$$
$$y^k \geq 0 \quad \forall k \in K$$

この問題は **2 次計画問題** (quadratic programming problem) ではあるが，2 次項がすべて対角成分であるため，比較的容易に解くことができる[52]．

資源主導による分解法

[ステップ 1] 容量制約式を満足する適当な容量割当を $\bar{y}^k (k \in K)$ とする．
上界値を UB，下界値を LB とし，$UB := \infty$ とする．すべての $k(\in K)$ に対してアーク容量を d^k とした最小費用フロー問題 $RD^k(d^k)$ を解き，

$LB := \sum_{k \in K} z^k(d^k)$ とする.

繰返し回数を l_{max}, 収束判定基準を ϵ とし, $l := 1$ とする.

[ステップ 2] すべての $k(\in K)$ に対して, $RD^k(\bar{y}^k)$ を解き, $z^k(\bar{y}^k)$ および $\tilde{w}^k$ を求める. $UB > \sum_{k \in K} z^k(\bar{y}^k)$ であれば, $UB := \sum_{k \in K} z^k(\bar{y}^k)$ とする.

[ステップ 3] すべての $k(\in K)$ に対して, $\tilde{y}^k := \max\{0, \bar{y}^k - \theta\tilde{w}^k\}$ とし, $\tilde{y}^k$ を用いて射影問題を解き, $\bar{y}^k$ を求める.

[ステップ 4] $UB - LB \leq \epsilon \times LB$, または $l = l_{max}$ であれば終了, そうでなければ $l := l + 1$ としてステップ 2 へ戻る.

ステップ 1 における $RD^k(d^k)$ は, 品種 k に割り当てるアーク容量を品種 k の需要とした問題である. これは容量制約式を緩和した問題であるため, 目的関数値である $\sum_{k \in K} z^k(d^k)$ は MCF の下界値となる.

● 2.3 ● 利用者均衡フロー問題 ●

利用者均衡フロー問題 (user equilibrium flow problem; UEF) は, 交通ネットワーク上を利用する車両などといった利用者が利用するパスのフロー費用が均衡するフローを求める問題である. この問題は, 交通量をパスに配分することから, **交通量配分問題** (traffic assignment problem) ともよばれる. フロー費用は走行時間や走行費用に対応しており, 混雑・渋滞による遅れや費用の増加を考慮するため, フロー量に対して下に凸で単調増加である非線形関数とするのが一般的である. また, ネットワーク利用者が多数存在し, 各々の始点・終点が異なるため, 多品種フロー問題となる.

(利用者均衡フロー問題 UEF) ノード集合 N, フロー費用関数 c をもつアーク集合 A, 需要 d をもつ品種集合 K が与えられている. このとき, 各品種が利用者均衡条件を満たす各品種のフローを求めよ.

2.3.1 利用者均衡とシステム最適化

a. Wardrop の原則と利用者均衡条件

車両などの個々のネットワーク利用者がどのようなパスを選択するかについて，Wardrop は二つの原則[87]を示している．**Wardrop の第一原則** (Wardrop's first principle) は，「利用者が利用するパスの走行時間 (フロー費用) はすべて等しく，とりうるパスの中で最小時間 (費用) のパスであり，利用されないパスはそれ以上の走行時間 (費用) をもつ」というものである．これは，完全情報下における利用者側の最適な行動を表現したものであり，始点と終点を同じにする利用者が利用する複数のパスのフロー費用は等しく，均衡していることから**利用者均衡条件** (user equilibrium condition) または等時間原則とよばれる．

一方，**Wardrop の第二原則** (Wardrop's second principle) は，「交通ネットワーク上の総走行時間 (総フロー費用) が最小になるようにパスを選択する」というものである．これは，ネットワーク計画者がフローを完全に制御できるという仮定のもとのモデルであり，**システム最適化条件** (system optimum condition) とよばれる．

はじめに，パスフロー変数を用いて利用者均衡条件を表現する．品種 k のパス p 上のフロー量を表すパスフロー変数を z_p^k，パス p のフロー費用を t_p^k とし，品種 k の始点・終点間の最小フロー費用を $\hat{t}^k$ とおく．このとき，利用者均衡条件は次のようになる．

$$t_p^k = \hat{t}^k \quad if \ z_p^k > 0$$
$$t_p^k \geq \hat{t}^k \quad if \ z_p^k = 0$$

これらの式をまとめると次のようになる．

$$(t_p^k - \hat{t}^k)z_p^k = 0, \ t_p^k \geq \hat{t}^k \quad \forall p \in P^k, \ k \in K \tag{2.14}$$

ここで，P^k は品種 k のとりうるパスの集合である．

b. 利用者均衡フロー問題

アーク (i,j) 上のフロー量を表すアークフロー変数を x_{ij}，品種 k の需要を d^k，パス p がアーク (i,j) を含むとき 0，そうでないとき 1 である定数を δ_{ij}^p とする．また，アーク (i,j) のフロー費用関数を $c_{ij}(x_{ij})$ とし，x_{ij} に関して単調

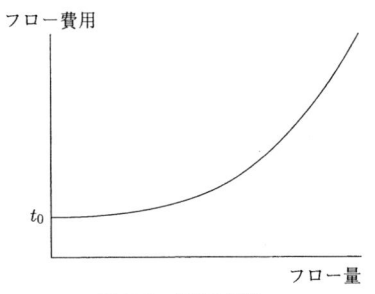

図 2.1 BPR 関数

増加,微分可能で下に凸である関数とする.このとき,**パスフローによる定式化** (path flow formulation) を用いた次のような最適化問題 UEF を想定する.

$$\text{最小化} \quad \phi(\boldsymbol{x}) = \sum_{(i,j) \in A} \int_0^{x_{ij}} c_{ij}(t) dt$$

$$\text{条件} \quad \sum_{p \in P^k} z_p^k = d^k \qquad \forall k \in K \qquad (2.15)$$

$$x_{ij} = \sum_{k \in K} \sum_{p \in P^k} \delta_{ij}^p z_p^k \qquad \forall (i,j) \in A \qquad (2.16)$$

$$z_p^k \geq 0 \qquad \forall p \in P^k, \, k \in K \qquad (2.17)$$

目的関数 $\phi(\boldsymbol{x})$ はフロー費用関数の積分の総和であり,これを最小化する.(2.15) 式は,品種 k のパスフローの合計が需要に一致することを表す.(2.16) 式は,アークフロー変数とパスフロー変数の関係式である.

一般的に,フロー費用関数 $c_{ij}(x_{ij})$ には,図 2.1 に示す **BPR 関数** (US bureau of public road function) とよばれる次のような多項式関数が利用される.

$$c_{ij}(x_{ij}) = t_{ij}^0 \left\{ 1 + \alpha \left(\frac{x_{ij}}{C_{ij}} \right)^\beta \right\}$$

ここで,t_{ij}^0 はアーク (i,j) の 0 フロー時のフロー費用,$\alpha (\geq 0)$ と $\beta (\geq 1)$ はネットワークに特有なパラメータ,C_{ij} はアーク容量である.C_{ij} は処理可能量の上限値ではなく,フロー費用に関するパラメータである.

ここで,(2.15),(2.17) 式に対する双対変数を $\boldsymbol{v}$,$\boldsymbol{s}(\geq \boldsymbol{0})$ とし,(2.16) 式を除く UEF に対する次のような Lagrange 関数 L を作成する.

$$L = \sum_{(i,j) \in A} \int_0^{x_{ij}} c_{ij}(t) dt + \sum_{k \in K} v^k \left(d^k - \sum_{p \in P^k} z_p^k \right) - \sum_{k \in K} \sum_{p \in P^k} s_p^k z_p^k$$

(2.16) 式より $\partial x_{ij}/\partial z_p^k = \delta_{ij}^p$ となるため,関数 L の z_p^k に関する偏微分は次式となる.

$$\frac{\partial L}{\partial z_p^k} = \sum_{(i,j)\in A} c_{ij}(x_{ij})\frac{\partial x_{ij}}{\partial z_p^k} - v^k - s_p^k = \sum_{(i,j)\in A} \delta_{ij}^p c_{ij}(x_{ij}) - v^k - s_p^k$$

したがって,UEF の $\boldsymbol{v}$, $\boldsymbol{s}$ に関する **Kuhn–Tucker 条件** (Kuhn–Tucker condition) は,次のようになる.

$$\begin{aligned}
&\sum_{(i,j)\in A} \delta_{ij}^p c_{ij}(x_{ij}) - v^k = s_p^k &&\forall p \in P^k,\ k \in K \\
&s_p^k z_p^k = 0 &&\forall p \in P^k,\ k \in K \\
&s_p^k \geq 0 &&\forall p \in P^k,\ k \in K
\end{aligned}$$

ここで,$\sum_{(i,j)\in A} \delta_{ij}^p c_{ij}(x_{ij})$ は,品種 k のパス p に含まれるアークのフロー費用の和,すなわちパス p の始点・終点間のフロー費用を表す.そこで,パス p の始点・終点間のフロー費用を $t_p^k(z)$ とし,

$$t_p^k(\boldsymbol{z}) = \sum_{(i,j)\in A} \delta_{ij}^p c_{ij}\Big(\sum_{k\in K}\sum_{p\in P^k} \delta_{ij}^p z_p^k\Big) = \sum_{(i,j)\in A} \delta_{ij}^p c_{ij}(x_{ij}) \quad (2.18)$$

とおく.この $t_p^k(\boldsymbol{z})$ を用いて,s_p^k に関係する式を整理すると次のようになる.

$$\begin{aligned}
&(t_p^k(\boldsymbol{z}) - v^k) z_p^k = 0 &&\forall p \in P^k,\ k \in K &&(2.19)\\
&t_p^k(\boldsymbol{z}) \geq v^k &&\forall p \in P^k,\ k \in K &&(2.20)
\end{aligned}$$

(2.20) 式は,v^k が品種 k のすべてのパスの中でフロー費用が最小,すなわち $\hat{t}^k$ であることを意味する.したがって,(2.19) 式と (2.20) 式は利用者均衡条件 (2.14) に一致する.

以上のことから,UEF の最適解は,利用者均衡条件を満足し,利用者均衡解となる.このため,UEF は利用者均衡フロー問題とよばれる.

c. 変分不等式

パスフロー $\hat{\boldsymbol{z}}$ が利用者均衡条件を満足しているものとする.このとき,フローは最小フロー費用をもつパスのみに流れており,そのパスの一つを p とおく.利用者均衡条件より,品種 k の任意のパス $q(\in P^k)$ について $t_q^k(\hat{\boldsymbol{z}}) > t_p^k(\hat{\boldsymbol{z}})$ であれば,$\hat{z}_q^k = 0$ が成り立つ.

パスフローが $\hat{z}$ であるとき，すべてのパスのフロー費用を $t_r^k(\hat{z})(r \in P^k, k \in K)$ に固定した状態を想定する．このとき，$t_q^k(\hat{z}) > t_p^k(\hat{z})$ であるパス q には，フローが流れていない．ここで，パス p の微小量のフローをパス q に流しかえると，総フロー費用は増加する．また，$t_q^k(\hat{z}) = t_p^k(\hat{z})$ であるフローが流れていないパス q に，パス p の微小量のフローを流しかえても費用は変化しない．したがって，パスフロー費用を固定した状態では，$\hat{z}$ 以外の任意のパスフロー z に対して，総フロー費用を減少させることはできない．したがって，次式が成り立つ．

$$\sum_{k \in K} \sum_{p \in P^k} t_p^k(\hat{z}) z_p^k \geq \sum_{k \in K} \sum_{p \in P^k} t_p^k(\hat{z}) \hat{z}_p^k \qquad (2.21)$$

逆に，パスのフロー費用を固定した状態で，$\hat{z}$ が利用者均衡条件を満足しない，すなわち $t_q^k(\hat{z}) > t_p^k(\hat{z})$ でかつ $\hat{z}_q^k > 0$ である $\hat{z}_q^k$ が存在するものと仮定する．このとき，パス q に流れている微小量のフローを費用のより安いパス p に流しかえれば，総フロー費用を減少できる．これは，(2.21) 式が成り立っていないことを意味する．

以上のことから，UEF のパスフローの実行可能解集合を Z としたとき，UEF の最適解 $\hat{z}$ は次式を満足する．

$$\sum_{k \in K} \sum_{p \in P^k} t_p^k(\hat{z})(z_p^k - \hat{z}_p^k) \geq 0 \quad \forall z \in Z$$

これは，**変分不等式** (variational inequality)[19,83] とよばれる条件式である．

(2.16) 式と (2.18) 式を用いて，パスフロー変数をアークフロー変数に変換する．UEF のアークフローの実行可能解集合を X としたとき，UEF の最適解 $\hat{x}$ は次式を満足する．

$$\sum_{(i,j) \in A} c_{ij}(\hat{x}_{ij})(x_{ij} - \hat{x}_{ij}) \geq 0 \quad \forall x \in X$$

また，UEF のアークフローに関するすべての端点集合を X_e とすると，UEF の最適解 $\hat{x}$ は次式を満足する．

$$\sum_{(i,j) \in A} c_{ij}(\hat{x}_{ij})(x_{ij} - \hat{x}_{ij}) \geq 0 \quad \forall x \in X_e$$

図 2.2 利用者均衡とシステム最適化

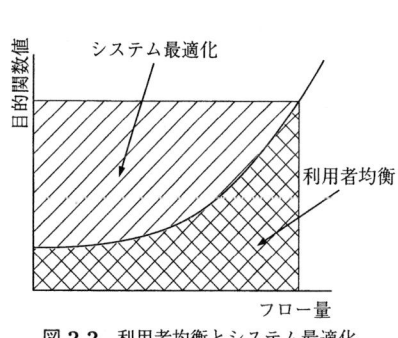

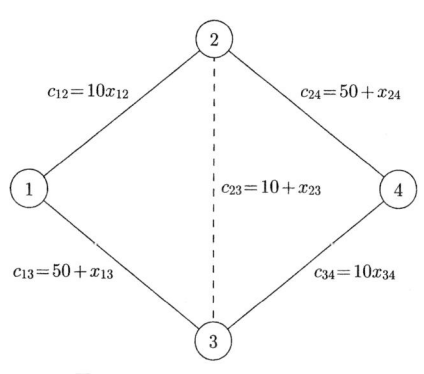

図 2.3 Braess のパラドックス

d. システム最適化フロー問題

システム最適化フロー問題 (system optimum flow problem ; SOF) は，Wardrop の第二原則であるシステム最適化条件を考慮したフロー問題である．総フロー費用を最小化するため，目的関数はアーク上のフロー費用とフロー量の積の総和である総フロー費用であり，これを最小化する．SOF は次のように定式化できる．

$$\text{最小化} \quad \sum_{(i,j) \in A} c_{ij}(x_{ij}) x_{ij}$$

$$\text{条件} \quad \boldsymbol{x} \in System$$

ここで，$System$ は (2.15)～(2.17) 式を満足する領域である．

SOF は，目的関数が凸非線形，制約条件が線形である問題となる．利用者均衡フロー問題とシステム最適化フロー問題の定式化の相違点は目的関数だけである．図 2.2 に示すように，それぞれの目的関数は，利用者均衡フロー問題ではフロー関数の積分値 (= 関数の面積)，システム最適化フロー問題ではフロー量 × フロー費用 (= 長方形の面積) を意味する．

e. Braess のパラドックス

交通ネットワーク上で道路の追加や容量の拡張を行ってネットワークを改修した場合でも，改修後の方が改修前よりも渋滞が発生し，全体として走行時間が増加する場合がある．このような現象は **Braess のパラドックス** (Braess's paradox)[12] とよばれ，利用者の行動の目的が個々の利用者の最適化であって，

システム全体の最適化ではないために発生するものである．

ここで，Braess のパラドックスが生じる数値例[70]を示す．図 2.3 に示すような 4 ノード，4 アークのネットワークで，始点を 1，終点を 4 とする品種の需要を 6 とする．各アークのフロー費用を次のようにおく．

$$c_{12} = 10x_{12}, \quad c_{13} = 50 + x_{13}, \quad c_{24} = 50 + x_{24}, \quad c_{34} = 10x_{34}$$

このとき，UEF における利用者均衡解はパス $(1,2,4)$ の $z_{124} = 3$，パス $(1,3,4)$ の $z_{134} = 3$ であり，$x_{12} = x_{13} = x_{24} = x_{34} = 3$ である．パス $(1,2,4)$ のフロー費用は $30 + 53 = 83$，パス $(1,3,4)$ のフロー費用も 83 であり，UEF の目的関数値は 399，総フロー費用は 498 となる．

次に，ノード 2 と 3 の間にフロー費用関数が $10 + x_{23}$ であるアーク $(2,3)$ を追加する．このとき，利用者均衡解はパス $(1,2,4)$ の $z_{124} = 2$，パス $(1,3,4)$ の $z_{134} = 2$，パス $(1,2,3,4)$ の $z_{1234} = 2$ となり，$x_{12} = x_{34} = 4$，$x_{13} = x_{23} = x_{24} = 2$ である．パス $(1,2,4)$, $(1,3,4)$, $(1,2,3,4)$ のフロー費用はともに 92 となる．UEF の目的関数値は 386 となり減少するが，総フロー費用は 552 に増加し，アークを追加する前よりも全体として混雑が増大する．

これは，利用者均衡条件のもとでは，道路 (アーク) を増設した方が，総走行時間 (総フロー費用) が増加し，交通混雑が増すことがありうることを示している．一方，SOF では総フロー費用を最小化するため，アークを追加する前後のどちらの場合も総フロー費用の最適値は 498 であり，混雑が増大することはない．

2.3.2 利用者均衡フロー問題の解法

利用者均衡フロー問題は交通計画の分野で最も有名な計画問題の一つである．この問題に対して，多くの実用的な解法が開発され，数多くの現実の問題に適用されている．

a. All or Nothing 法と分割配分法

All or Nothing 配分法 (All or Nothing assignment algorithm) は，現在の最小フロー費用 (最短時間) をもつパスに全需要を流して，フローを求める方法であり，このようにフローが求まる問題を **All or Nothing 配分問題** (All or Nothing assignment problem) とよぶ．All or Nothing 配分法は，フロー費用がフローの線形関数である場合には最適解が得られるが，一般的な非線形関数である場合では近似解法となる．実際には，この解法は単独で用いられるのではなく，Frank–Wolfe 法など他の解法における部分問題の解法として用いられる．

現在わかっているアークフローを $\tilde{x}$ とおくと，All or Nothing 配分問題は次のようになる．

$$\begin{align}
\text{最小化} \quad & \sum_{(i,j)\in A} c_{ij}(\tilde{x}_{ij}) x_{ij} \\
\text{条件} \quad & \sum_{p\in P^k} z_p^k = d^k & \forall k \in K \\
& x_{ij} = \sum_{k\in K}\sum_{p\in P^k} \delta_{ij}^p z_p^k & \forall (i,j)\in A \\
& z_p^k \geq 0 & \forall p \in P^k,\ k \in K
\end{align} \qquad (2.22)$$

(2.22) 式を目的関数に代入して整理すると，次のようになる．

$$\begin{align}
\text{最小化} \quad & \sum_{k\in K}\sum_{(i,j)\in A} c_{ij}(\tilde{x}_{ij}) \sum_{p\in P^k} \delta_{ij}^p z_p^k \\
\text{条件} \quad & \sum_{p\in P^k} z_p^k = d^k & \forall k \in K \\
& z_p^k \geq 0 & \forall p \in P^k,\ k \in K
\end{align}$$

この問題は，品種 k ごとの独立した問題に分割することができ，それぞれの問題はアーク (i,j) の長さを $c_{ij}(\tilde{x}_{ij})$ としたネットワーク上で，品種の始点・終点間のパスの中から最短のものを選ぶ問題，すなわち最短路問題となる．

分割配分法 (incremental assignment algorithm) は，L 個に分割した需要 $d^k/L(k\in K)$ に対して，フロー費用を修正しながら All or Nothing 配分を繰り返して解を求める近似解法である．

分割配分法

[ステップ 1] $\tilde{x}^0 := \mathbf{0}$ として，$c(\tilde{x}^0)$ を求める．$l := 0$ とし，L を分割数とする．

[ステップ 2] $c(\tilde{x}^l)$ をフロー費用として，All or Nothing 配分を行い，各品種 $k(\in K)$ の最小費用パス上のフローに需要 d^k/L を付加し，$\tilde{x}^{l+1}$ を

求める.

[ステップ3] $l := l+1$ とする.$l = L$ であれば終了,そうでなければステップ2へ戻る.

ここで,$\tilde{x}^l$ は l 回目の繰り返しにおけるアークフローである.

この分割配分法は簡便な方法であるため,現実の交通問題の分析に対して広く利用されている.

b. Frank–Wolfe 法

Frank–Wolfe 法 (Frank–Wolfe algorithm)[62] は,非線形関数を含む最適化問題の解法であり,逐次,非線形関数を線形関数に近似した線形計画問題を作成し,この線形計画問題を解くことによって降下方向を算出して解を改善していく方法である.この Frank–Wolfe 法を利用者均衡フロー問題 UEF に適用すると,線形近似した問題が最短路問題に帰着されるため,効率的に解くことができる.

$\tilde{x}^l$ を l 回目の繰り返しにおける解とし,次のような $\tilde{x}^l$ における UEF の目的関数 $\phi(x)$ の1次近似関数を考える.

$$\phi(\tilde{x}^l) + \nabla_x \phi(\tilde{x}^l)(y - \tilde{x}^l) = \sum_{(i,j) \in A} \left\{ \int_0^{\tilde{x}_{ij}^l} c_{ij}(t)dt + c_{ij}(\tilde{x}_{ij}^l)(y_{ij} - \tilde{x}_{ij}^l) \right\}$$

UEF の目的関数をこの線形関数で置き換えた問題を**線形化問題** (linearization problem;LZP) とよぶ.なお,右辺の第一項と第二項の後半部分は定数項であるため,これらの項は省略でき,LZP は次のようになる.

$$\begin{aligned} &\text{最小化} \quad \sum_{(i,j) \in A} c_{ij}(\tilde{x}_{ij}^l) y_{ij} \\ &\text{条件} \quad y \in System \end{aligned} \quad (2.23)$$

この問題は,All or Nothing 配分問題そのものであり,最短路問題となる.

LZP の最適解を $\tilde{y}$ とする.LZP は線形計画問題であるので,$\tilde{y}$ は実行可能領域である $System$ の端点となる.また,$\tilde{y} - \tilde{x}^l$ は UEF の許容降下方向となるため,ステップサイズ $\alpha (0 \leq \alpha \leq 1)$ を用いて,

$$\tilde{x}^{l+1} := \tilde{x}^l + \alpha(\tilde{y} - \tilde{x}^l)$$

として，x を更新する．UEF の目的関数値を最小にするステップサイズ α を求めるためには，次のような1次元探索問題を解けばよい．

$$\text{最小化} \quad \sum_{(i,j)\in A} \int_0^{x_{ij}} c_{ij}(t)dt$$
$$\text{条件} \quad x_{ij} = \tilde{x}_{ij}^l + \alpha(\tilde{y}_{ij} - \tilde{x}_{ij}^l) \quad \forall (i,j) \in A$$
$$0 \leq \alpha \leq 1$$

$\tilde{x}^l + \alpha(\tilde{y} - \tilde{x}^l) = (1-\alpha)\tilde{x}^l + \alpha\tilde{y}$ であることから，この最小化問題は $\tilde{x}^l$ と $\tilde{y}$ を結ぶ線分上で凸である目的関数の最小点を求める問題となる．このため，2分探索法などの適当な1次元探索法を用いて，容易に解を求めることができる．

Frank–Wolfe 法

[ステップ1] 適当な端点 $\tilde{x}^1$ を求める．$l := 1$，ϵ を収束判定基準とする．

[ステップ2] $\tilde{x}^l$ における線形化問題 LZP を解き，$\tilde{y}$ を求める．

[ステップ3] 1次元最小化問題を解き，ステップサイズ α を求める．

[ステップ4] $\tilde{x}^{l+1} := \tilde{x}^l + \alpha(\tilde{y} - \tilde{x}^l)$ とする．

[ステップ5] $\phi(\tilde{x}^l) - \phi(\tilde{x}^{l+1}) < \epsilon$ であれば終了，そうでなければ $l := l+1$ としてステップ2へ戻る．

ステップ1における適当な端点 $\tilde{x}^1$ は，たとえば0フロー時のアークのフロー費用を用いた All or Nothing 配分問題を解くことによって求めることができる．

以上のように，Frank–Wolfe 法は最短路問題と1次元探索問題を交互に解く方法であるため，実用規模の交通ネットワーク問題にも容易に適用できる．一

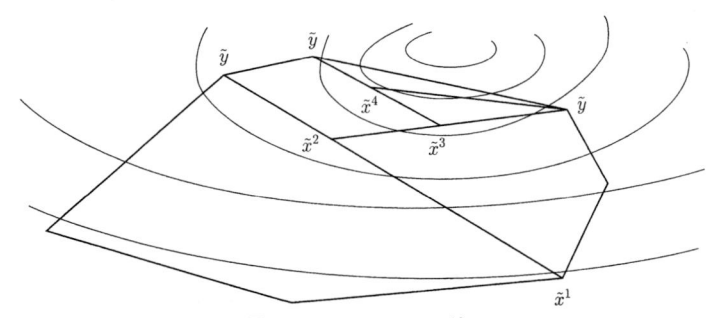

図 **2.4** Frank–Wolfe 法

方，システム最適化フロー問題 SOF も UEF と制約条件が同一である凸計画問題であるので，Frank–Wolfe 法を用いて解くことができる．Frank–Wolfe 法の概念図を図 2.4 に示しておく．Frank–Wolfe 法では，図に示すように最適解の近傍でジグザグ現象が発生するため，解の収束は遅い．

Frank–Wolfe 法を用いた利用者均衡フロー問題の例を示す．図 2.5 に対象とするネットワーク，アーク容量と 0 フロー時のフロー費用を示す．$i < j$ であるノード間に品種が存在し，需要はすべて 10 とする．フロー費用関数は BPR 関数とし，$\alpha = 0.15$，$\beta = 4$ とする．表 2.1 に，Frank–Wolfe 法におけるアークのフロー費用 (cost)，アークフロー量 (flow)，目的関数値と繰り返し回数の関係を示す．このような小規模のネットワークであっても，Frank–Wolfe 法によって厳密な収束解を求めるためには多くの繰り返し回数が必要である．

c. 集約化単体分解法

単体分解法 (simplicial decomposition algorithm)[76] は，端点を列挙し，列挙

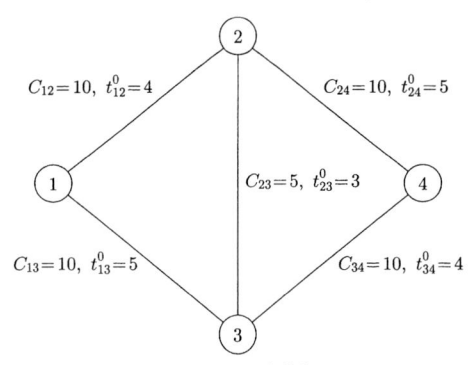

図 2.5 利用者均衡

ネットワーク図: ノード 1, 2, 3, 4
- $C_{12}=10$, $t_{12}^0=4$
- $C_{24}=10$, $t_{24}^0=5$
- $C_{23}=5$, $t_{23}^0=3$
- $C_{13}=10$, $t_{13}^0=5$
- $C_{34}=10$, $t_{34}^0=4$

表 2.1 Frank–Wolfe 法の解の変化

繰り返し回数	アーク (1,2) cost	flow	アーク (1,3) cost	flow	アーク (2,3) cost	flow	アーク (2,4) cost	flow	アーク (3,4) cost	flow	目的関数値
1	13.60	18.48	5.75	11.52	10.20	11.52	17.00	16.97	4.60	13.03	386.74
2	11.00	14.78	6.32	15.22	15.66	10.85	11.22	13.92	5.73	16.08	364.85
3	6.86	15.81	9.03	14.19	12.99	10.68	7.82	15.13	8.01	14.87	362.52
10	7.34	14.98	8.44	15.02	11.24	10.32	8.82	14.66	7.02	15.34	358.35
100	7.08	15.00	8.75	15.00	10.34	10.05	8.80	14.95	7.04	15.05	355.82
500	7.05	15.00	8.79	15.00	10.23	10.01	8.80	14.99	7.04	15.01	355.49
2500	7.04	15.00	8.79	15.00	10.21	10.00	8.80	15.00	7.04	15.00	355.43

した端点の凸結合によって制約領域を表し,この領域内で目的関数値を最小化する解を求める方法である.特に,アークフローを用いた解法を**集約化単体分解法** (aggregated simplicial decomposition algorithm) とよぶ.端点の数は膨大であるので,実際には,逐次,端点を生成し,生成された端点が形成する領域内で解を求めていく.

端点 $\tilde{y}^0, \tilde{y}^1, \cdots, \tilde{y}^l$ が求められているものとする.これらの端点に限定した限定主問題 $RM(l)$ を次のように表す.

最小化　$\sum_{(i,j) \in A} \int_0^{x_{ij}} c_{ij}(t) dt$

条件　$x_{ij} = \sum_{m=0}^l \tilde{y}_{ij}^m \lambda^m \quad \forall (i,j) \in A$

$\sum_{m=0}^l \lambda^m = 1$

$\lambda^m \geq 0 \quad\quad\quad\quad \forall m = 0, \cdots, l$

ここで,λ は端点の凸結合係数である変数である.この問題は,端点 $\tilde{y}^0, \cdots, \tilde{y}^l$ の凸結合の領域で,目的関数を最小化する解を求める問題となる.

$RM(l)$ は非線形最適化問題であるため,直接解くことは困難である.そのため,次のような $\tilde{x}^l$ における 2 次近似関数を目的関数とした問題 $RM'(l)$ を解くことで,近似解を求める.

最小化　$\sum_{(i,j) \in A} \left\{ c_{ij}(\tilde{x}_{ij}^l)(x_{ij} - \tilde{x}_{ij}^l) + \frac{1}{2} \nabla_{x_{ij}} c_{ij}(\tilde{x}_{ij}^l)(x_{ij} - \tilde{x}_{ij}^l)^2 \right\}$

求められた $RM'(l)$ の解を用いて,この解における線形化問題 LZP を解く.LZP は UEF と同じ実行可能領域をもつ線形計画問題であるので,LZP の解は $RM(l)$ の新たな端点となる.

単体分解法

[ステップ 1]　適当な端点 $\tilde{x}^1 (= \tilde{y}^0)$ を求める.$l := 1$,ϵ を収束判定基準とする.

[ステップ 2]　現在の解 $\tilde{x}^l$ における線形化問題 LZP を解き,端点 $\tilde{y}^l$ を求める.

[ステップ 3]　限定主問題 $RM'(l)$ を解き,λ を求める.

[ステップ4] $\tilde{x}^{l+1} := \sum_{m=0}^{l} \tilde{y}^m \lambda^m$ とする.

[ステップ5] $\phi(\tilde{x}^l) - \phi(\tilde{x}^{l+1}) < \epsilon$ であれば終了,そうでなければ $l := l+1$ としてステップ2へ戻る.

端点の数は膨大なため,生成したすべての端点を用いるのではなく,適当な数に制限する必要がある.たとえば,λ^m の値の降順に一定個の端点を保持するなどの工夫が考えられる.

Frank–Wolfe 法では,線形化問題 LZP によって求められた端点と現在の解の間の1次元探索を行い,次の解を算出した.そのため,現在の解には過去の端点の情報も含まれている.そこで,Frank–Wolfe 法における l 回目のステップサイズを $\boldsymbol{\lambda}^l$,LZP の端点を $\tilde{\boldsymbol{y}}^l$ とおく.Frank–Wolfe 法では,過去に列挙した端点とステップサイズを用いて $l+1$ 回目の解 $\tilde{x}^{l+1}$ を次のように求めている.

$$\tilde{x}^{l+1} = (1-\lambda^l)\tilde{x}^l + \lambda^l \tilde{y}^l = (1-\lambda^l)\sum_{m=1}^{l-1} \bar{\lambda}^m \tilde{y}^m + \lambda^l \tilde{y}^l$$

ここで,

$$\bar{\lambda}^m = \begin{cases} \prod_{t=1}^{l-1}(1-\lambda^t) & m = 1 \\ \lambda^m \prod_{t=m+1}^{l-1}(1-\lambda^t) & \forall m = 2, \cdots, l-1 \end{cases}$$

である.

一方,単体分解法では,$\boldsymbol{\lambda}$ を端点の凸結合係数としてとらえ,$RM(l)$ を解くことによって $\boldsymbol{\lambda}$ を求め直し,$\tilde{x}^{l+1} = \sum \lambda^m \tilde{y}^m$ として,$\tilde{x}^{l+1}$ を求めている.

d. 非集約化単体分解法

アークフロー変数の代わりに,パスフロー変数を用いた方法を**非集約化単体分解法** (disaggregated simplicial decomposition algorithm)[60] とよぶ.

現在のパスフローである端点 $z_0, z_1, \cdots, z_l$ が求められているものとする.品種 k,パス p のパスフロー変数 z_p^k に対応する凸結合係数を λ_p^k とし,パスフローを

$$z_p^k = \lambda_p^k d^k \quad \forall p \in P^k,\ k \in K$$

と表す.このとき,アーク (i,j) に対するアークフローは,

$$x_{ij} = \sum_{k \in K} \sum_{p \in P^k} \delta_{ij}^p z_p^k = \sum_{k \in K} d^k \sum_{p \in P^k} \delta_{ij}^p \lambda_p^k \quad \forall (i,j) \in A$$

と表現できる.

l までの端点に限定した限定主問題 $RRM(l)$ は,次のようになる.

最小化 $\sum_{(i,j) \in A} \int_0^{x_{ij}} c_{ij}(t) dt$

条件 $x_{ij} = \sum_{k \in K} d^k \sum_{p=0}^l \delta_{ij}^p \lambda_p^k \quad \forall (i,j) \in A$ (2.24)

$\sum_{p=0}^l \lambda_p^k = 1 \quad \forall k \in K$

$\lambda_p^k \geq 0 \quad \forall k \in K, p = 0, \cdots, l$

$RRM(l)$ は非線形最適化問題であるため,直接解くことは困難である.そこで,次のような $\tilde{x}^l$ における 2 次近似関数を目的関数とした問題を考える.

最小化 $\sum_{(i,j) \in A} \left\{ c_{ij}(\tilde{x}_{ij}^l)(x_{ij} - \tilde{x}_{ij}^l) + \frac{1}{2} \nabla_{x_{ij}} c_{ij}(\tilde{x}_{ij}^l)(x_{ij} - \tilde{x}_{ij}^l)^2 \right\}$

$RRM(l-1)$ の解である品種 k の凸結合係数を $\tilde{\lambda}_p^k (p = 0, \cdots, l-1)$ とし,$\tilde{\lambda}_l^k = 0$ とする.(2.24) 式を目的関数に代入し,$\tilde{x}_{ij}^l = \sum_{k \in K} d^k \sum_{p=0}^l \delta_{ij}^p \tilde{\lambda}_p^k$ の関係を用いて整理すると,次のような問題 $RRM'(l)$ を得る.

最小化 $\sum_{k \in K} \sum_{(i,j) \in A} \sum_{p=0}^l d^k \delta_{ij}^p \Big\{ c_{ij}(\tilde{x}_{ij}^l)(\lambda_p^k - \tilde{\lambda}_p^k)$

$+ \frac{d^k}{2} \nabla_{x_{ij}} c_{ij}(\tilde{x}_{ij}^l)(\lambda_p^k - \tilde{\lambda}_p^k)^2 \Big\}$

条件 $\sum_{p=0}^l \lambda_p^k = 1 \quad \forall k \in K$

$\lambda_p^k \geq 0 \quad \forall k \in K, \ p = 0, \cdots, l$

$RRM'(l)$ は次のような品種 k ごとの独立した問題に分割できる.

最小化 $\sum_{(i,j) \in A} \sum_{p=0}^l d^k \delta_{ij}^p \Big\{ c_{ij}(\tilde{x}_{ij}^l)(\lambda_p^k - \tilde{\lambda}_p^k)$

$+ \frac{d^k}{2} \nabla_{x_{ij}} c_{ij}(\tilde{x}_{ij}^l)(\lambda_p^k - \tilde{\lambda}_p^k)^2 \Big\}$

条件 $\sum_{p=0}^l \lambda_p^k = 1$ (2.25)

$\lambda_p^k \geq 0 \quad \forall p = 0, \cdots, l$

この問題は2次計画問題となるが，(2.25) 式に対する Lagrange 乗数 u^k を用いて **Lagrange 双対問題** (Lagrangian dual problem) を作ると，乗数 u^k をパラメトリックに変化させることで容易に解くことができる．

e. 射　影　法

射影法 (projection algorithm)[20] は，補助関数を作成し，この補助関数に対する変分不等式を満足する点列を求めていく方法である．

アーク (i,j) に対する補助関数 h_{ij} を次のように定義する．

$$h_{ij}(x_{ij}, x_{ij}^l) = c_{ij}(x_{ij}^l) + \frac{1}{\rho}g_{ij}(x_{ij} - x_{ij}^l) \quad \forall (i,j) \in A$$

$\boldsymbol{x}^l$ は l 回目の繰り返しにおける解，g_{ij} および ρ は正の定数である．一般に，g_{ij} にはフロー費用関数の微分値を用いて，$g_{ij} = \nabla_{x_{ij}} c_{ij}(x_{ij}^l)$ とすることが多い．

補助関数 h_{ij} を用いた次の変分不等式を満足する解 $\boldsymbol{x}$ を求め，$\boldsymbol{x}^{l+1}$ とする．

$$\sum_{(i,j) \in A} h_{ij}(x_{ij}, x_{ij}^l)(\bar{x}_{ij} - x_{ij}) \geq 0 \quad \forall \bar{\boldsymbol{x}}, \boldsymbol{x} \in System \tag{2.26}$$

ここで，生成した点列 $\boldsymbol{x}^1, \cdots, \boldsymbol{x}^l, \cdots$ が $\hat{\boldsymbol{x}}$ に収束したと仮定する．このとき，

$$\sum_{(i,j) \in A} h_{ij}(\hat{x}_{ij}, \hat{x}_{ij})(\bar{x}_{ij} - \hat{x}_{ij}) = \sum_{(i,j) \in A} c_{ij}(\hat{x}_{ij})(\bar{x}_{ij} - \hat{x}_{ij}) \geq 0$$
$$\forall \bar{\boldsymbol{x}} \in System$$

となるため，$\hat{\boldsymbol{x}}$ は変分不等式を満足する解，すなわち利用者均衡条件を満足する解となる．

関数 $\boldsymbol{c}$ が次式を満足すると仮定する．

$$\sum_{(i,j) \in A} (c_{ij}(x_{ij}) - c_{ij}(s_{ij}))(x_{ij} - s_{ij}) \geq \alpha \sum_{(i,j) \in A} (x_{ij} - s_{ij})^2$$
$$\forall \boldsymbol{x}, \boldsymbol{s} \in System, \ \alpha > 0$$

$\rho(> 0)$ が十分に小さければ，点列 $\boldsymbol{x}^1, \cdots, \boldsymbol{x}^l, \cdots$ は孤立解 $\hat{\boldsymbol{x}}$ に収束する[20]．

変分不等式は積分値を目的関数とした最適化問題と等価であり，

$$\int_0^{x_{ij}} h_{ij}(t, x^l) dt = \frac{1}{2\rho} g_{ij} x_{ij}^2 + \left(c_{ij}(x_{ij}^l) - \frac{1}{\rho} g_{ij} x_{ij}^l \right) x_{ij}$$

となることから，(2.26) 式の変分不等式を満足する解を求める問題は，次のような2次計画問題となる．

最小化 $\sum_{(i,j)\in A}\left\{\dfrac{1}{2\rho}g_{ij}x_{ij}^2 + \left(c_{ij}(x_{ij}^l) - \dfrac{1}{\rho}g_{ij}x_{ij}^l\right)x_{ij}\right\}$

条件 $\bm{x} \in System$

この問題は，UEF と同じ制約式をもつ2次計画問題であるので，Frank–Wolfe法などを用いて解くことができる．

射影法の手順

[ステップ1] 適当な実行可能解 $\tilde{\bm{x}}^1$ を求める．$l := 1$，収束判定基準を ϵ とする．

[ステップ2] 2次計画問題の解を求め，$\tilde{\bm{x}}^{l+1}$ とする．

[ステップ3] $|\tilde{\bm{x}}^{l+1} - \tilde{\bm{x}}^l| < \epsilon$ であれば終了，そうでなければ $l := l+1$ としてステップ2へ戻る．

3 予算制約をもつネットワーク設計問題

ネットワークを設計する際には通信設備や道路整備などのための予算が与えられる場合が多く，この予算の範囲内でいかに効率的な設計をするかが課題となる．**予算制約をもつネットワーク設計問題** (budget network design problem；BND) は，デザイン費用のための予算が与えられたもとでフロー費用の合計を最小にするアークを選択し，ネットワークを設計する問題である．ここでは，予算制約をもつネットワーク設計問題の中でも，デザイン費用がデザイン変数の線形関数，フロー費用がフロー変数の線形関数で表され，アーク容量を考慮しないモデルを取り扱う．

> (予算制約をもつネットワーク設計問題 BND)　ノード集合 N, デザイン費用 $\boldsymbol{f}$ とフロー費用 $\boldsymbol{c}$ をもつ向きをもたないアーク集合 A, 需要 $\boldsymbol{d}$ をもつ品種集合 K, および予算 B が与えられている．このとき，$\sum_{a \in A'} f_a \leq B$ を満たし，フロー費用の合計を最小にするアーク集合 $A'(\subseteq A)$ と各品種のフローを求めよ．

●3.1● BND の定式化

はじめに，フロー費用関数を目的関数とする**ナップサック問題** (knapsack problem) 形式の BND の定式化を示す．品種 k のフロー費用関数を $r^k(\boldsymbol{y})$ とする．$r^k(\boldsymbol{y})$ は，デザイン変数 $\boldsymbol{y}$ に依存する**陰関数** (implicit function) であり，デザイン変数が $\boldsymbol{y}$ であるネットワーク $G(\boldsymbol{y})$ における品種 k の始点・終点間の

単位当たりの最小フロー費用を表す．この最小フロー費用は，アークの長さをアークのフロー費用としたネットワーク上で，始点・終点間の最短路問題を解くことによって求めることができる．

アークは向きをもたないものとし，アーク (i,j) のデザイン費用を f_{ij}，デザイン変数を y_{ij} とし，品種 k の需要を d^k とする．ここで，デザイン変数 y_{ij} は，アーク (i,j) が選択されたとき 1，そうでないとき 0 である 0–1 変数である．このとき BND の**ナップサックによる定式化** (knapsack formulation) は次のようになる．

$$
\begin{aligned}
\text{最小化} \quad & \sum_{k \in K} d^k r^k(\boldsymbol{y}) \\
\text{条件} \quad & \sum_{(i,j) \in A} f_{ij} y_{ij} \leq B \\
& y_{ij} \in \{0,1\} \quad \forall (i,j) \in A
\end{aligned}
\tag{3.1}
$$

目的関数は需要とフロー費用の積の総和である総フロー費用であり，これを最小化する．(3.1) 式は，選択するアークのデザイン費用の合計が予算以下であることを表す予算制約式である．ナップサックによる定式化はコンパクトなものであるが，目的関数に陰関数を含むため，この定式化を直接的に解くことはできない．

一方，アーク上のフロー量を表すアークフロー変数を用いると，問題を陽的に表すことができる．アーク (i,j) 上の品種 k について，i から j 方向への単位当たりのフロー費用を c^k_{ij}，アークフロー変数を x^k_{ij} とする．また，ノード n に接続するアークの他方の端点の集合を N_n とする．このとき，BND のアークフローによる定式化は次のようになる．

$$
\begin{aligned}
\text{最小化} \quad & \sum_{(i,j) \in A} \sum_{k \in K} (c^k_{ij} x^k_{ij} + c^k_{ji} x^k_{ji}) \\
\text{条件} \quad & \sum_{i \in N_n} x^k_{in} - \sum_{j \in N_n} x^k_{nj} = \begin{cases} -d^k & if\ n = O^k \\ d^k & if\ n = D^k \\ 0 & otherwise \end{cases} \quad \forall n \in N,\ k \in K
\end{aligned}
\tag{3.2}
$$

$$\sum_{(i,j) \in A} f_{ij} y_{ij} \leq B$$

$$\sum_{k \in K}(x_{ij}^k + x_{ji}^k) \leq My_{ij} \quad \forall (i,j) \in A \tag{3.3}$$

$$y_{ij} \in \{0,1\} \quad \forall (i,j) \in A$$

$$x_{ij}^k \geq 0,\ x_{ji}^k \geq 0 \quad \forall (i,j) \in A, k \in K$$

ここで，M は十分に大きな正数である．

目的関数はフロー費用の総和であり，これを最小化する．アークは向きをもたないため，アーク (i,j) 上には $i \to j$ 方向と $j \to i$ 方向のフローが存在する．(3.2)式は，ノード n における流入量と流出量の差が，ノード n が品種 k の始点 O^k であれば $-d^k$，終点 D^k であれば d^k，その他のノードであれば 0 となることを表し，始点から出たフローが必ず終点に到着することを表すフロー保存式である．(3.3)式は，アークが存在するときのみ，このアーク上のフローが存在することを表す．

前述のアークフロー変数を用いた定式化は，比較的少数の制約式で問題を表現することができる．しかし，この定式化に対する**線形緩和問題** (linear relaxation problem；A.3節参照) から得られる下界値と BND の最適値との差であるギャップは大きく，弱い定式化となる．

一方，アーク (i,j) が存在するときに，アーク (i,j) 上のフロー量の合計は全需要の合計を超えることはない．もちろん，アーク (i,j) が存在しないときには，アーク (i,j) 上のフロー量の合計は 0 である．したがって，次式は**妥当不等式** (valid inequality；A.5節参照) となり，(3.3)式に置き換えることができる．

$$\sum_{k \in K}(x_{ij}^k + x_{ji}^k) \leq \sum_{k \in K} d^k y_{ij} \quad \forall (i,j) \in A$$

さらに，単純施設配置問題などでも用いられているように，この妥当不等式を品種ごとに**非集約化** (disaggregation) することによって，次の強い**強制制約式** (forcing constraint)[65] を作成することができる．

$$x_{ij}^k \leq d^k y_{ij},\ x_{ji}^k \leq d^k y_{ij} \quad \forall (i,j) \in A,\ k \in K$$

この式は，各品種について，アーク (i,j) が存在するときにのみ，最大で需要までのフローの存在を許すことを表す．さらに，同一の品種は同一のアーク上で

逆流しないという条件を考慮すると，次式も妥当不等式となる．

$$x_{ij}^k + x_{ji}^k \le d^k y_{ij} \quad \forall\, (i,j) \in A, k \in K \tag{3.4}$$

● 3.2 ● *BND* の計算複雑性 ●

計算複雑性 (computational complexity) の面において，BND が $\mathcal{NP}$ 完全 ($\mathcal{NP}$-complete) であることを示す．はじめに，BND の**決定問題** (decision problem) $BNDD$ とナップサック問題の決定問題 NPD を定義する．

(***BND* の決定問題 *BNDD*)**　　ノード集合 N，デザイン費用 $\boldsymbol{f}$ とフロー費用 $\boldsymbol{f}$ をもつアーク集合 A，そのグラフを $G(N,A)$ とする．$i < j$ であるすべてのノードを始点・終点とする需要 1 の品種集合 K および予算 B が与えられ，目的関数値である総フロー費用を $\phi(G)$，その目標値を C とする．このとき，$\sum_{(i,j) \in A'} f_{ij} \le B$, かつ $\phi(G') \le C$ を満足するようなアーク集合 $A'(\subseteq A)$ をもつ $G'(N, A')$ が存在するか．

(**ナップサック問題の決定問題 *NPD*)**　　要素の集合 T，非負の要素の重み $\boldsymbol{a}$，および容量 b が与えられたとき，$\sum_{i \in T'} a_i = b$ を満足する $T'(\subseteq T)$ が存在するか．

$\mathcal{NP}$ 完全である問題 A が $\mathcal{NP}$ に属する問題 B に多項式時間で変換できるならば，問題 B は $\mathcal{NP}$ 完全であることが証明できる．NPD は $\mathcal{NP}$ 完全である[75]ことが示されている．また，多項式時間で解の判定ができるので，$BNDD$ は $\mathcal{NP}$ である．そこで，多項式時間で，任意の NPD の問題例が $BNDD$ の問題例に変換できる[43]ことを示す．

任意の NPD の問題例が与えられたとき，$BNDD$ の問題例を次のように設定する．

$$N = \{0\} \cup \{i, i' | i \in T\}$$
$$A = \{(0, i), (0, i'), (i, i') | i \in T\}$$

$$f_{0i} = f_{0i'} = f_{ii'} = a_i \quad \forall i \in T$$
$$e = \sum_{i \in T} a_i$$
$$B = 2e + b$$
$$C = 4|T|e - b$$

ここで，i' はすべての $i(\in T)$ に 1 対 1 に対応させて生成したノードであり，e は重み $a_i(\in T)$ の合計である．

次に，NPD が解をもつときに限り，$BNDD$ に解が存在することを示す．ここで，$(0,i), (0,i')(i \in T)$ をアークとするスター型グラフ G^* を考える．任意の NPD の実行可能解が G^* を含むと仮定する[*1)]．G^* のデザイン費用の合計は $2e = B-b$ であるため，予算の残余は b となる．また，$(0,i)$（または $(0,i')$）上のフローは $2|T|$ であるため，総フロー費用は $\phi(G^*) = 2|T| \cdot 2e = 4|T|e = C+b$ となり，目標値との差は b となる．

G^* にアーク (i,i') を加えると，(i,i') がノード i，i' 間に対してのみの最小費用パスになることに注意する．ネットワークにアーク (i,i') を加えると，$(i,0)$ と $(i',0)$ 上のフロー費用は $2a_i$ だけ減少し，(i,i') 上のフロー費用は a_i だけ増加する．したがって，総フロー費用は $2a_i - a_i = a_i$ だけ減少する．

以上のことから，$BNDD$ は，選択するアークのデザイン費用の合計が予算 B の残余である b に一致し，さらに $\phi(G^*)$ と目標値 C との差 b に一致するように，デザイン費用 a_i のアーク (i,i') を選択することにほかならない．これは容量 b の NPD に一致し，NPD に解が存在することと $BNDD$ に解が存在ことは等価となる．

$T = \{3,4,5,6\}$，$b = 9$ とする．このとき，図 3.1 に示すようなスター型グラフ G^* を作成する．図の数値はアークのデザイン費用かつフロー費用である．$BNDD$ の予算 B は 45，目的関数値の目標値 C は 279 となる．G^* のデザイン費用の合計は $2e = 36$，目的関数値 $\phi(G^*)$ は 288 である．ここで，アーク $(1,1')$ を加えると，ノード 1，$1'$ 間の最小費用パス上のフロー費用は 6 から 3 に減少

[*1)] スター型グラフ G^* を含まない場合，$(0,i), (i,i')$ を含み，$(0,i')$ を含まない（または $(0,i'), (i,i')$ を含み，$(0,i)$ を含まない）ことになる．このとき，$(0,i)$（または $(0,i')$）上のフロー費用は G^* の場合よりも大きくなる．そのため，G^* を含む場合のみを考えればよい．

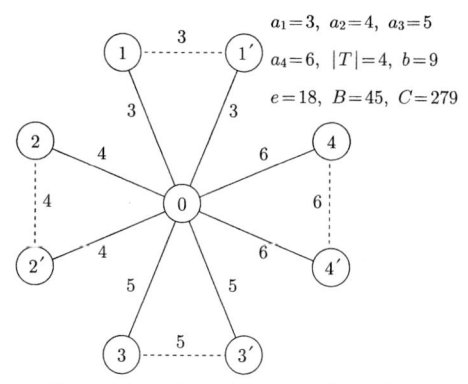

図 3.1 $BNDD$ と NPD の等価な問題例

し，アークを追加するとこのデザイン費用の 3 だけ目的関数値が減少する．この $BNDD$ は，予算の残余 9 を使って目的関数値を 9 だけ減じるように，点線のアーク (i, i') の組合せを求めることになる．これは，容量が 9 である NPD に一致する．

● 3.3 ● 近 似 解 法 ●

BND では，すべてのノード対を始点・終点とする多品種を考慮する必要がある．このため，デザイン変数を確定した場合でも，目的関数値である総フロー費用を計算するためには，すべてのノード間の最小費用パス (最短路) を求める必要がある．Floyd–Warshall 法を用いた場合，目的関数を評価するためには $O(|N|^3)$ の計算量が必要となることから，BND では単に実行可能解を評価するだけでも多くの計算量が必要となる．そのため，目的関数の評価回数を抑えることができる貪欲法が近似解法として用いられる．

3.3.1 フォワード法とバックワード法

基本的な解法として，ネットワークに必要なアークを順々に加えていくフォワード法 (forward algorithm) と，不必要なアークを順々に取り除いていくバックワード法 (backward algorithm) がある．フォワード法はアド法，バックワード法はデリート法ともよばれる．

フォワード法[78]は，最小木を初期ネットワークとし，予算制約のもとで，現在のネットワークにアークを加えたときの目的関数値の減少量を計算し，これらの中で減少量が最大のアークを求め，このアークを加えていく**貪欲法** (greedy algorithm) である．

フォワード法

[ステップ 1] デザイン費用をアークの重みとしたネットワーク上で最小木を求め，これを初期ネットワークとする．

[ステップ 2] 現在のネットワークに含まれていないアークで，このアークをネットワークに加えたときにデザイン費用の合計が予算を超えないすべてのアークに対して，以下の計算を行う．そのようなアークが存在しなければ，終了する．

- このアークをネットワークに加えたときの総フロー費用の減少量を計算する．

[ステップ 3] 総フロー費用の減少量が最大となるアークを求め，このアークをネットワークに加え，ステップ 2 へ戻る．

バックワード法[78]は，すべてのアークを含むネットワークからはじめ，現在のネットワークからアークを取り除いたときの目的関数値の増加量を計算し，予算制約を満たすまで増加量が最小のアークを取り除いていく貪欲法である．

バックワード法

[ステップ 1] すべてのアークを含むネットワークを初期ネットワークとする．

[ステップ 2] 現在のネットワークに含まれているすべてのアークに対して，以下の計算を行う．

- このアークをネットワークから取り除いたときの総フロー費用の増加量を計算する．もし，ネットワークが非連結になれば，増加費用を ∞ とする．

[ステップ 3] 総フロー費用の増加量が最小であるアークを求め，このアークをネットワークから取り除く．現在のネットワークのデザイン費用の

> 合計が予算以下になればステップ4へ，そうでなければステップ2へ戻る．
>
> [ステップ4] 予算の残余を用いて，フォワード法のステップ2と3を行う．

ステップ4では，予算の残余がある場合には，この残余を使ったフォワード法を行っている．

フォワード法とバックワード法では，総フロー費用の変化量を求めるために，一本のアークを付加・削除をしたネットワークにおける最短路問題を繰り返し解くことが必要となる．このようなネットワークに対しては，Murchland法を用いることによって，すべてのノード間の最短路を効率的に求めることができる．Murchland法を用いると，アークを加えたネットワークでは$O(|N|^2)$，アークを取り除いたネットワークでは$O(|N|^3)$（経験的には$O(|N|^2)$）の計算量で，総フロー費用の変化量を求めることができる．

フォワード法では，一本のアークの付加に対する減少量の評価の計算量が$O(|N|^2)$，減少量の評価回数が$O(|A|)$であり，全体として$O(|A|)$本のアークをネットワークに加えるため，計算量は$O(|A|^2|N|^2)$となる．一方，バックワード法の計算量は$O(|A|^2|N|^3)$となる．

3.3.2 バックワード法の改良

バックワード法では，アークを取り除くたびに，ネットワークに含まれるアークを取り除いたときの総フロー費用の増加量を再計算する必要がある．このため，アーク数が多い密なネットワークでは膨大な計算量が必要となる．そこで，アークを取り除くたびにすべてのアークに対してフロー費用の増加量を再計算するのではなく，最も費用の増加量が小さい可能性があるアークのみに対して再計算すれば，計算量を抑えることができる[50]．

バックワード法において，アークを一本ずつ順々に取り除く操作を行うと，ネットワークの形状が変化していく．このため同じアークであっても，取り除く順番によって総フロー費用の増加量は変化する．したがって，厳密には現在のネットワークにおける増加量を再計算する必要がある．しかし，もともと増加量が小さいアークは，いくつかのアークを取り除いた後も依然として増加量

は小さいと考えられる．

　はじめに，初期ネットワークにおいて，各アークを取り除いたときの総フロー費用の増加量を計算し，増加量の昇順に並べたアークのリストを作成しておく．取り除くアークを選択するときに，リストの先頭，すなわち総フロー費用の増加量が最小であるアークをリストから取り出す．このアークに対してのみ，現在のネットワークにおける総フロー費用の増加量を再計算する．再計算した増加量がリスト内で最小であるときに限り，このアークをネットワークから取り除く．もし増加量がリスト内で最小でなければ，増加量にしたがってこのアークをリスト内の昇順の位置に戻し，このアークは取り除かない．

バックワード法の改良

[ステップ1]　すべてのアークを含むネットワークを初期ネットワークとする．

[ステップ2]　すべてのアークに対して，このアークを取り除いたときの総フロー費用の増加量を計算する．増加量の昇順に，該当するアークと増加量をリストに格納する．

[ステップ3]　増加量が最小のアークをリストから取り出す．

[ステップ4]　このアークを現在のネットワークから取り除いたときの総フロー費用の増加量を再計算する．
　(a) この増加量がリスト内で最小であればステップ5へ．
　(b) そうでなければ，増加量の値にしたがって，このアークと再計算した増加量をリスト内の昇順の位置に挿入し，ステップ3へ戻る．

[ステップ5]　リストから取り出したアークをネットワークから取り除く．現在のネットワークのデザイン費用の合計が予算以下になればステップ6へ，そうでなければステップ3へ戻る．

[ステップ6]　予算の残余を用いて，フォワード法のステップ2と3を行う．

3.3.3　近似解法の比較

　アークのフロー費用とデザイン費用が比例し，予算が最小木を構成するアークのデザイン費用の2倍であり，$i < j$ であるすべてのノード間にアークと品種

表 3.1 上界値と計算時間の比較[50]

ノード数	アーク数	品種数	バックワード法		バックワード法の改良	
			誤差 (%)	計算時間 (s)	誤差 (%)	計算時間 (s)
10	45	45	0.2	0.0	0.3	0.0
20	190	190	0.5	0.1	0.5	0.0
30	435	435	0.7	0.6	0.6	0.0
40	780	780	1.0	3.3	1.1	0.0
50	1225	1225	1.4	12.4	1.4	0.1
60	1770	1770	1.2	36.6	1.5	0.2
70	2415	2415	1.7	92.1	1.8	0.3
80	3160	3160	1.8	205.3	1.9	0.5
90	4005	4005	2.1	422.7	2.2	0.7
100	4950	4950	2.5	781.5	2.5	1.1

Pentium 3.4GHz, Intel Fortran

の需要があるようなユークリッド平面上の問題例(同一ノード各10問)を用いて，バックワード法とその改良法を比較する．表3.1は，目的関数値である上界値の平均誤差と平均計算時間である．誤差は，3.5節のLagrange緩和法による下界値との差の比率である．バックワード法の誤差は0.2～2.5%であり，問題の規模が大きくなると計算時間が増大する．バックワード法の改良法では，誤差はバックワード法とほぼ同じであるが，計算時間は大幅に短縮されている．

3.3.4 近似的な分枝限定法

BND は混合整数計画問題であるため，理論的には**分枝限定法** (branch and bound algorithm；A.7節参照)を用いて解くことができる．しかし，実用規模の問題では最適解を求めることは容易ではないため，擬似緩和問題を用いた分枝限定法[22]が示されている．

$|A|$ 個の成分をもつベクトル $\mathbf{1}$ を $(1,1,\cdots,1)$ とし，$\boldsymbol{y}=\mathbf{1}$ であるネットワーク $G(\mathbf{1})$ における品種 k の単位当たりの最小フロー費用 $r^k(\mathbf{1})$ とそのフローが求められているものとする．ここで，アーク (i,j) を取り除くと，このアークを通っているフローは別のパスを迂回することになり，フロー費用が増加する．そこで，あらかじめ，$G(\mathbf{1})$ において，アーク $(i,j)(\in A)$ を取り除いたときのフロー費用の増加量 a_{ij} を厳密に計算しておく．a_{ij} は，アーク (i,j) を取り除いたときのネットワークにおいて，品種の始点・終点間の最小費用パスを求めればよいので，Murchland法を用いて求めることができる．

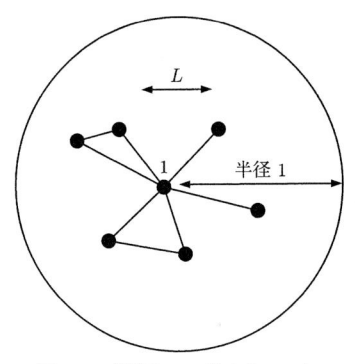

図 3.2 閾値ヒューリスティック

この増加量 a を用いて，次のような問題を作成する．

$$\text{最小化} \quad \sum_{k \in K} d^k r^k(1) + \sum_{(i,j) \in A} a_{ij}(1 - y_{ij})$$
$$\text{条件} \quad \sum_{(i,j) \in A} f_{ij} y_{ij} \leq B$$
$$y_{ij} \in \{0, 1\} \quad \forall (i,j) \in A$$

目的関数の第一項と第二項の前半は定数項であるので，この問題はナップサック問題となる．

アーク (i,j) のみを取り除いたときは，a_{ij} はフロー費用の厳密な増加量になる．しかし，アーク (i_1, j_1) と (i_2, j_2) を同時に取り除いたとき，これら二本のアーク上を同時に通っている品種のフローが存在した場合，このフロー費用の増加量は $a_{i_1 j_1} + a_{i_2 j_2}$ に等しくなるのではなく，$a_{i_1 j_1} + a_{i_2 j_2}$ 以下となる．したがって，この問題は BND の緩和問題とはならないが，擬似的に緩和問題とみなすことにする．

この問題の線形緩和問題は**連続ナップサック問題** (continuous knapsack problem ; A.6 節参照) となる．連続ナップサック問題は，目的関数の係数とナップサック制約の係数の比をソートすることによって，多項式時間で解くことができる．そこで，連続ナップサック問題を解くことによって得た擬似下界値を用いて分枝限定法を行う．この下界値を用いた分枝限定法は，最適解を生成しない可能性があるが，通常の分枝限定法に比べて計算時間を短縮することができる．

3.3.5 閾値ヒューリスティック

閾値ヒューリスティック (threshold heuristic)[88] は，ノード数が増加したときに漸近的に最適値に一致する解を算出する解法である．図 3.2 に示すようなユークリッド平面上の半径 1 の円の内部にすべてのノードが存在し，デザイン費用とフロー費用がノード間のユークリッド距離に一致する問題を対象とする．

閾値ヒューリスティックでは，閾値以下の費用をもつアークのデザイン費用の合計値が予算制約を満たすように閾値を決定し，これらのアークをネットワークに加える．

閾値ヒューリスティック

[ステップ 1] 円の中心に最も近いノードの番号を 1 とする．ネットワークに加えるアーク集合を A' とし，$0 \leq L \leq 2$ である閾値を L とする．

[ステップ 2] ノード 1 とその他のノードを結ぶアーク $(1,i)(i \in N\setminus\{1\})$ を A' の初期集合とする．

[ステップ 3] デザイン費用が L 以下であるアークをすべて A' に加える．

[ステップ 4] $\sum_{(i,j) \in A'} f_{ij} \leq B$ であれば終了する．

[ステップ 5] $L > 0$ であれば，適当に L を減少させ，A' を初期化してステップ 3 へ戻る．

[ステップ 6] $L = 0$ であれば，デザイン費用を重みとしたネットワークにおける最小木に含まれるアークを A' の初期集合とする．このネットワークが実行不可能であれば，実行可能解は存在せず，終了する．そうでなければ，L を初期化して，ステップ 3 へ戻る．

ここで，閾値 L はネットワークに加えるアークのデザイン費用の合計を予算以下とするためのパラメータである．半径 1 の円内にノードが存在するため，$L = 2$ ではすべてのアークを含んだネットワークが解となる．L を減少させると $\sum_{(i,j) \in A'} f_{ij}$ が減少し，$L = 0$ では A' はノード 1 を中心とするスター型の木を構成する．もしスター型の木が実行不可能であれば，ステップ 6 で最小木を初期値に置き換える．一方，L の初期値を 2 として，適当な精度まで 2 分探索を行って閾値 L を求めることもできる．

閾値ヒューリスティックのステップ 2 と 3 を行って解を求める．閾値が L の

とき，得られた解のデザイン費用の合計を $DC(L)$，目的関数値である総フロー費用を $FC(L)$ とする．また，$G(\mathbf{1})$ における最小フロー費用の合計を LB とし，$P[\cdot]$ を発生確率とする．このとき，$L = |N|^{-1/3}$ とし，$\lim_{|N| \to \infty} h(|N|) = \infty$ である関数を $h(|N|)$ とする．$B \geq |N| h(|N|)$ であれば，

$$\lim_{|N| \to \infty} P[DC(L) \leq B] = 1$$

となり，さらに任意の $\epsilon > 0$ に対して

$$\lim_{|N| \to \infty} P\left[\frac{FC(L)}{LB} - 1 \leq \epsilon\right] = 1$$

となる[88]．このことから，$|N|$ が十分に大きい場合には，閾値 L を $|N|^{-1/3}$ とすれば閾値ヒューリスティックのステップ 2 と 3 により実行可能解が求まる確率が 1 となる．また，LB は総フロー費用の下界値でもあるため，$|N| \to \infty$ では，求められた総フロー費用である上界値と下界値の比が $1 + \epsilon$ 以内となる確率が 1 となる．

3.4 厳密解法

BND は $\mathcal{NP}$ 完全であるため，厳密解を直接的に求める解法はそれほど多く提案されていない．ここでは，古典的なバックトラック法と下界平面および下界平面を用いた分枝限定法を示す．

3.4.1 バックトラック法

最も初期に提案された厳密解法として，バックトラック法 (backtrack algorithm)[78] がある．これは，一般的な分枝限定法とは異なり，下界値による終端操作を行わず，部分問題が実行不可能または実行可能と判断されたときに終端操作を行う方法である．深さ優先探索を利用して，後戻りしながら分枝操作を行うために，バックトラック法とよばれる．

BND のナップサックによる定式化では，0–1 条件以外の制約はアークの予算制約のみである．このため，デザイン変数を 1 に固定したアークのデザイン費用の合計が予算 B を超えたときに，実行不可能と判断することができる．ま

た，デザイン変数を 0 に固定した以外のすべてのデザイン変数を 1 としたときに，デザイン費用の合計が予算制約以下であれば，実行可能と判断することができる．

3.4.2 下界平面

実用規模の BND では，最適解を求めることは容易ではない．そこで，最適解ではなく，緩和問題を作成し，その最適値を求めることにする．最小化問題であれば，緩和問題の最適値はもとの組合せ最適化問題の**下界値** (lower bound) となる．下界値は，分枝限定法や近似解の精度の保証などに用いることができる．一般的な組合せ最適化問題では，0–1 の整数条件を 0 から 1 の連続変数に緩和する**線形緩和** (linear relaxation) によって線形計画問題を作成し，この線形計画問題を解いて下界値を求めることが行われる．しかし，BND のナップサックによる定式化を用いる場合，目的関数に陰関数 $r^k(\boldsymbol{y})$ を含むため，直接的な線形緩和を行うことができない．このため，BND では下界平面とよばれる関数を用いた緩和が用いられる．

$\boldsymbol{y}$ の係数を $\boldsymbol{p}$，定数項を q とし，任意の $\boldsymbol{y}$ に対して，常に次式が成り立つものとする．

$$\sum_{k \in K} d^k r^k(\boldsymbol{y}) \geq \sum_{(i,j) \in A} p_{ij} y_{ij} + q \tag{3.5}$$

右辺の線形関数が左辺の目的関数の下界となっていることから，この線形関数を**下界平面** (lower plane) とよぶ．さらに，この下界平面を目的関数とした次のような問題を考える．

$$\text{最小化} \quad \sum_{(i,j) \in A} p_{ij} y_{ij} + q$$
$$\text{条件} \quad \sum_{(i,j) \in A} f_{ij} y_{ij} \leq B$$
$$y_{ij} \in \{0, 1\} \quad \forall (i, j) \in A$$

このとき，任意の $\boldsymbol{y}$ に対して (3.5) 式が成り立つため，この問題の目的関数値は BND の下界値となり，この問題は BND の緩和問題となる．

アーク (i, j) をネットワークから取り除いた場合に発生する目的関数値の増

加量の下限値を a_{ij} とおき，$p_{ij} = -a_{ij}((i,j) \in A)$, $q = \sum_{k \in K} d^k r^k(\mathbf{1}) + \sum_{(i,j) \in A} a_{ij}$ として，BND の下界平面を作成する．この下界平面を BND の目的関数とした次のような緩和問題を考える．

最小化 $\quad \sum_{k \in K} d^k r^k(\mathbf{1}) + \sum_{(i,j) \in A} a_{ij}(1 - y_{ij})$ (3.6)

条件 $\quad \sum_{(i,j) \in A} f_{ij} y_{ij} \leq B$

$\quad\quad y_{ij} \in \{0, 1\} \quad \forall (i,j) \in A$

目的関数の第一項は，$G(\mathbf{1})$ における総フロー費用である．第二項は，アークを取り除いた場合の目的関数値の増加量である．この問題はナップサック問題となるため，大規模な問題であっても比較的容易に解くことができる．さらに，0–1 条件を線形緩和した連続ナップサック問題は多項式時間で解くことができる．下界平面の係数 a を妥当で大きな値に設定することができれば，目的関数の第二項が増加するため，目的関数値である下界値を大きくできる可能性がある．

a. Boyce–Farhi–Weischede の下界平面

予算を考慮しない場合，フロー費用の総和を最小にするネットワークは，明らかにすべてのアークを含むネットワーク $G(\mathbf{1})$ であり，そのフロー費用は BND の下界値となる．

$$\sum_{k \in K} d^k r^k(\mathbf{y}) \geq \sum_{k \in K} d^k r^k(\mathbf{1})$$

この **Boyce–Farhi–Weischede の下界平面** (Boyce–Farhi–Weischede's lower plane)[11] は，(3.6) 式において $a_{ij} = 0$ $((i,j) \in A)$ としたものに対応する．もちろん，この下界平面による下界値は優れたものではないが，分枝途中の部分問題において，0 に固定したデザイン変数は 0，それ以外は 1 にすることによって，容易に分枝限定法に組み込むことができる．この下界平面を求めるために必要な計算量は $O(|N|^3)$ である．

図 3.3 のネットワークを用いて，Boyce–Farhi–Weischede の下界平面を求める．図の数値は品種に共通のアークフロー費用であり，$i < j$ であるすべてのノード対を始点・終点とした 6 品種とし，需要はすべて 1 とする．下界平面は，ネットワーク $G(\mathbf{1})$ における各始点・終点の最小フロー費用の和となるので，

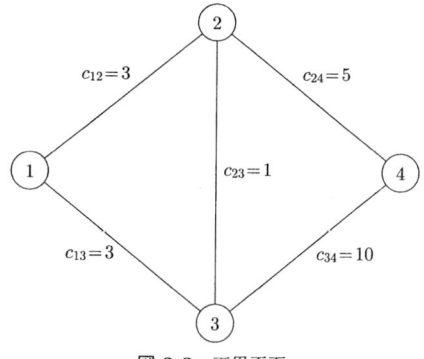

図 3.3 下界平面

$3+3+8+1+5+6 = 26$ の定数項となる.

b. Hoang の下界平面

アークの両端点を始点と終点とする品種が存在する場合，このアークを取り除いたときに，この品種は迂回したパスを通るため，迂回した分だけフロー費用が増加する．このアークを取り除いたときには，少なくともこの増加量だけは目的関数値が増加するため，この増加量を用いて **Hoang の下界平面** (Hoang's lower plane)[41] が構成できる．

両端点を始点・終点とする品種をもつアークの集合を A'，アークの両端点を始点・終点とする品種の集合を K' とおく．アーク $(i,j)(\in A')$ をネットワークから取り除いた場合，K' に含まれる品種のフロー費用の増加量を Δ_{ij} とし，

$$a_{ij} = \begin{cases} \Delta_{ij} & if\ (i,j) \in A' \\ 0 & if\ (i,j) \in A \setminus A' \end{cases}$$

とおく．

このとき，品種 $k(\in K')$ について，$d^k r^k(\boldsymbol{y}) \geq d^k r^k(\boldsymbol{1}) + a_{ij}(1-y_{ij})$ であることから，

$$\sum_{k \in K'} d^k r^k(\boldsymbol{y}) \geq \sum_{k \in K'} d^k r^k(\boldsymbol{1}) + \sum_{(i,j) \in A'} a_{ij}(1-y_{ij})$$

となる．一方，

$$\sum_{k \in K \setminus K'} d^k r^k(\boldsymbol{y}) \geq \sum_{k \in K \setminus K'} d^k r^k(\boldsymbol{1})$$

であることから,これらより,

$$\sum_{k \in K} d^k r^k(\boldsymbol{y}) \geq \sum_{k \in K} d^k r^k(\boldsymbol{1}) + \sum_{(i,j) \in A} a_{ij}(1 - y_{ij})$$

となり,右辺は BND の下界平面となる.

A' に含まれるアークを取り除いた場合のアークの両端点間の最短路を求める必要があるので,この Hoang の下界平面の計算量は $O(|A||N|^2)$ となる.

図 3.3 のネットワークを用いて Hoang の下界平面を求める.アークを取り除いたときの両端点間のフロー費用の増加量が係数となるので,次の下界平面を得る.

$$26 + (1 - y_{12}) + (1 - y_{13}) + 5(1 - y_{23}) + 6(1 - y_{24}) + 0(1 - y_{34})$$
$$= 39 - y_{12} - y_{13} - 5y_{23} - 6y_{24}$$

なお,アーク $(3,4)$ は始点 3,終点 4 の品種の最小フロー費用パスとならないため,アーク (i,j) を取り除いたときの増加量は 0 であり,係数は 0 となる.

c. Gallo の下界平面

$G(\boldsymbol{1})$ が完全グラフでない疎なネットワークである場合には,アークの両端を始点・終点としない品種が存在する可能性がある.このような場合,Hoang の下界平面では,これらの品種についてのフロー費用の増加量を考慮することができない.しかし,このような品種でも,最小フロー費用パスに含まれるアークを取り除いた場合には,費用が増加する可能性がある.そこで,アークの両端を始点・終点としない品種に対するフロー費用の増加量も考慮することによって,**Gallo の下界平面** (Gallo's lower plane)[27] が構成できる.

各アークを取り除いた場合の各品種のフロー費用の増加量を計算し,これらをアークの係数 $\boldsymbol{a}$ に加算していくことを考える.$G(\boldsymbol{1})$ において,ある品種の最小フロー費用パスが複数本のアークで構成されているものとし,このパス上の複数のアークのそれぞれを取り除いても,フロー費用が増加するものとする.このとき,これら複数のアークを個別に取り除いたときのフロー費用の増加量

をそれぞれのアークの係数に加算してしまうと，これらのアークを同時に取り除いた場合には係数の合計が実際の増加量を超える可能性があり，a は妥当な係数ではなくなる．これを防ぐためには，各品種について，いずれか一本のアークのみにフロー費用の増加量を加算すればよい．

Gallo の下界平面

[ステップ 1] $K_{ij} := \emptyset ((i,j) \in A)$ とする．$A' := A$, $K' := K$ とする．

[ステップ 2] $A' = \emptyset$ または $K' = \emptyset$ であれば終了する．そうでなければ，未選択のアーク $(i,j)(\in A')$ を選び，$A' := A' \setminus \{(i,j)\}$ とする．

[ステップ 3] $G(1)$ からアーク (i,j) を取り除いたとき，未選択の品種 $k(\in K')$ についてフロー費用の増加量 Δ_{ij}^k を計算する．

[ステップ 4] $\Delta_{ij}^k > 0$ であるすべての品種 $k(\in K')$ について，$K' := K' \setminus \{k\}$, $K_{ij} := K_{ij} \cup \{k\}$ とする．$a_{ij} := \sum_{k \in K_{ij}} \Delta_{ij}^k$ としてステップ 2 へ戻る．

ここで，A' は未選択のアーク集合，K' は未選択の品種集合であり，K_{ij} はアーク (i,j) を取り除いたときに最小フロー費用が増加し，この量を a_{ij} に加算した品種の集合である．Dijkstra 法のラベル更新に工夫を加えることによって，Gallo の下界平面を求めるための計算量は $O(|N|^4)$ に抑えることができる．

図 3.3 のネットワークを用いて Gallo の下界平面を求める．アーク $(1,2)$, $(1,3)$, $(2,3)$, $(2,4)$, $(3,4)$ の順番にアークを選択して係数を設定する．アーク $(1,2)$ を取り除いたときに，品種 $(1,2)$ のフロー費用が 1，品種 $(1,4)$ のフロー費用が 1，合計 2 だけ増加するため，アーク $(1,2)$ の係数 $a_{12} = 2$ となる．アーク $(1,3)$ を取り除いたときに品種 $(1,3)$ のフロー費用が 1 だけ増加する．アーク $(2,3)$ では，品種 $(2,3)$ のフロー費用が 5，品種 $(3,4)$ のフロー費用が 4，合計 9 だけ増加する．同様に，アーク $(2,4)$ では品種 $(2,4)$ のフロー費用が 6 だけ増加するが，アーク $(3,4)$ ではフロー費用は増加しないので係数は 0 である．したがって，Gallo の下界平面は次式となる．

$$26 + 2(1 - y_{12}) + (1 - y_{13}) + 9(1 - y_{23}) + 6(1 - y_{24})$$
$$= 44 - 2y_{12} - y_{13} - 9y_{23} - 6y_{24}$$

d. Ahuja–Murty の下界平面

$G(\mathbf{1})$ において，ある品種の最小フロー費用をもつパスが複数本のアークで構成されており，このパス上の複数のアークのそれぞれを取り除いてもフロー費用が増加するものとする．このとき，Gallo の下界平面では，はじめに取り除くアークの係数にのみ増加量を加算するため，二本目以降に取り除くアークの増加量の方が一本目よりも大きな値であったとしても，この増加量を係数に加算することはできない．

そこで，「二本目のアークを取り除いたときのフロー費用の増加量」が「一本目のアークを取り除いたときの増加量」より大きな場合には，この差分を二本目のアークの係数に加算する．このようにすれば，二本のアークを同時に取り除いたときでも，二つのアークの係数の和である目的関数の増加量は，「二本目のアークを取り除いたときのフロー費用の増加量」に一致するため，この下界平面は妥当なものとなる．このような考えから，Gallo の下界平面より強い **Ahuja–Murty の下界平面** (Ahuja–Murty's lower plane)[2] が構成できる．

アークには通し番号 $1, 2, \cdots, |A|$ がつけられており，この順序でアークを取り除くものとする．アーク l を取り除いたときの品種 k のフロー費用の増加量を Δ_l^k とする．アーク l に対して，$\Delta_1^k, \cdots, \Delta_{l-1}^k$ の最大値 δ_{l-1}^k を求めておく．もし，増加量 Δ_l^k が δ_{l-1}^k を超えるならば，アーク l を取り除いたときの増加量として，この差 $\Delta_l^k - \delta_{l-1}^k$ を係数 w_l^k に加算する．$\boldsymbol{w}$ の求め方をまとめておく．

$$
\begin{aligned}
\delta_0^k &:= 0 & &\forall k \in K \\
\delta_l^k &:= \max_{1 \le i \le l}\{\Delta_i^k\} & &\forall l = 1, 2, \cdots, |A|,\ k \in K \\
w_l^k &:= \max\{0, \Delta_l^k - \delta_{l-1}^k\} & &\forall l = 1, 2, \cdots, |A|,\ k \in K
\end{aligned}
$$

このとき，Ahuja–Murty の下界平面は次式となる．

$$
\sum_{k \in K} d^k r^k(\mathbf{1}) + \sum_{l=1}^{|A|} \sum_{k \in K} w_l^k (1 - y_l)
$$

Ahuja–Murty の下界平面の計算量は $O(|N|^4)$ である．

図 3.3 のネットワークを用いて Ahuja–Murty の下界平面を求める．アーク $(1,2), (1,3), (2,3), (2,4), (3,4)$ の順番に係数を設定する．アーク $(2,3)$ ま

では，Gallo の下界平面に一致する．アーク $(2,4)$ を取り除くと，品種 $(1,4)$ のフロー費用は 8 から 13 へ 5 増加する．品種 $(1,4)$ はアーク $(1,2)$ を取り除く際にすでに 1 を加算しているので，差分の 4 をアーク $(2,4)$ の係数に加算することができる．

$$26 + 2(1 - y_{12}) + (1 - y_{13}) + 9(1 - y_{23}) + (6+4)(1 - y_{24})$$
$$= 48 - 2y_{12} - y_{13} - 9y_{23} - 10y_{24}$$

3.4.3 分枝限定法

BND は $\mathcal{NP}$ 完全であるので，最適解を求めるためには分枝限定法などが用いられる．緩和問題として，前項で示した下界平面を用いることができる．下界平面を用いた緩和問題はナップサック問題となり，さらに 0–1 変数を線形緩和した連続ナップサック問題も BND の緩和問題となる．連続ナップサック問題は容易に解くことができるため，この連続ナップサック問題の最適値を下界値とすれば，分枝限定法を効率的に実行することができる．

Boyce–Farhi–Weischede の下界平面を用いた分枝限定法[11] は，0 に固定した以外のデザイン変数はすべて 1 として下界値を定める方法であり，分枝する変数として最小下界値や最小デザイン費用をもつアークなどが考えられる．その他にも，Hoang の下界平面を利用した分枝限定法では，分枝変数に連続ナップサック問題の小数解を用いる[41]，$\max_{(i,j) \in A} \{a_{ij}/f_{ij}\}$ であるアークを用いる[22]，$\min_{(i,j) \in A} \{a_{ij}/f_{ij}\}$ であるアークも用いる[9]，などといった方法が示されている．

● 3.5 ● Lagrange 緩和法 ●

Lagrange 緩和問題を解き，緩和解と下界値を求め，Lagrange 乗数を更新し，緩和解をもとに近似解を生成していく方法を **Lagrange 緩和法** (Lagrangian relaxation method；A.9 節参照) とよぶ．ここでは，BND に対する Lagrange 緩和法を解説する．

3.5.1 Lagrange 緩和問題

これまでに示した下界平面は，$G(\mathbf{1})$ から特定の一本のアークを取り除いた場合に発生する最小フロー費用の増加量の面から作成している．しかし，密なネットワークでは，$G(\mathbf{1})$ から特定の一本のアークだけを取り除いても，フロー費用はそれほど増加しないため，弱い下界平面しか得られない場合が多い．一方，アークフロー変数を用いた定式化において，フロー保存式を **Lagrange 緩和** (Lagrangian relaxation) した問題を考える．この **Lagrange 緩和問題** (Lagrangian relaxation problem ; A.4 節参照) は，密なネットワークにおいても強い緩和問題となる[48]．

強制制約式である (3.4) 式を含むアークフローによる定式化を対象とする．**Lagrange 乗数** (Lagrangian multiplier) v を用いて，フロー保存式である (3.2) 式を Lagrange 緩和した問題 LG を作成する．このとき，LG の目的関数は次式となる．

$$\sum_{(i,j)\in A}\sum_{k\in K}(c_{ij}^k x_{ij}^k + c_{ji}^k x_{ji}^k) + \sum_{k\in K} v_{O^k}^k\Big(-d^k - \sum_{i\in N_{O^k}} x_{iO^k}^k + \sum_{j\in N_{O^k}} x_{O^k j}^k\Big)$$
$$+ \sum_{k\in K} v_{D^k}^k\Big(d^k - \sum_{i\in N_{D^k}} x_{iD^k}^k + \sum_{j\in N_{D^k}} x_{D^k j}^k\Big)$$
$$+ \sum_{n\in N\setminus\{D^k,O^k\}}\sum_{k\in K} v_n^k\Big(-\sum_{i\in N_n} x_{in}^k + \sum_{j\in N_n} x_{nj}^k\Big)$$

この目的関数を整理すると，LG は次のような問題となる．

最小化 $\sum_{k\in K} d^k(v_{D^k}^k - v_{O^k}^k)$
$\qquad + \sum_{(i,j)\in A}\sum_{k\in K}\{(c_{ij}^k - v_j^k + v_i^k)x_{ij}^k + (c_{ji}^k - v_i^k + v_j^k)x_{ji}^k\}$

条件 $\sum_{(i,j)\in A} f_{ij} y_{ij} \leq B$ (3.7)
$\qquad x_{ij}^k + x_{ji}^k \leq d^k y_{ij} \quad \forall (i,j)\in A,\ k\in K$
$\qquad y_{ij} \in \{0,1\} \qquad \forall (i,j)\in A$
$\qquad x_{ij}^k \geq 0,\ x_{ji}^k \geq 0 \quad \forall (i,j)\in A,\ k\in K$

Lagrange 乗数 v を与えると目的関数の第一項は定数項となるため，予算制約である (3.7) 式を除けば，LG はアーク (i,j) ごとの独立した次のような問題 LG_{ij} に分割できる．

最小化 $\quad \sum_{k \in K}\{(c_{ij}^k - v_j^k + v_i^k)x_{ij}^k + (c_{ji}^k - v_i^k + v_j^k)x_{ji}^k\}$

条件 $\quad x_{ij}^k + x_{ji}^k \leq d^k y_{ij} \quad \forall k \in K$

$\quad\quad\quad y_{ij} \in \{0,1\}$

$\quad\quad\quad x_{ij}^k \geq 0,\ x_{ji}^k \geq 0 \quad \forall k \in K$

LG_{ij} は最小化問題であるため，$y_{ij} = 1$ のときの最適解 $\tilde{x}$ は

$$\tilde{x}_{ij}^k = \begin{cases} d^k & if\ c_{ij}^k - v_j^k + v_i^k < c_{ji}^k - v_i^k + v_j^k\ and\ c_{ij}^k - v_j^k + v_i^k < 0 \\ 0 & otherwise \quad\quad\quad\quad\quad\quad\quad\quad\quad\quad\quad\quad \forall k \in K \end{cases}$$

$$\tilde{x}_{ji}^k = \begin{cases} d^k & if\ c_{ji}^k - v_i^k + v_j^k < c_{ij}^k - v_j^k + v_i^k\ and\ c_{ji}^k - v_i^k + v_j^k < 0 \\ 0 & otherwise \quad\quad\quad\quad\quad\quad\quad\quad\quad\quad\quad\quad \forall k \in K \end{cases}$$

となり，LG_{ij} の目的関数値は

$$\sum_{k \in K} d^k \{\min(0, c_{ij}^k - v_j^k + v_i^k, c_{ji}^k - v_i^k + v_j^k)\}$$

となる．一方，$y_{ij} = 0$ のときには $x_{ij}^k = x_{ji}^k = 0 (k \in K)$ となるため，目的関数値は 0 となる．

以上のことから，LG はアークフロー変数 x を用いない次のような問題に置き換えることができる．

最小化 $\quad \sum_{k \in K} d^k (v_{D^k}^k - v_{O^k}^k)$

$\quad\quad\quad + \sum_{(i,j) \in A} \sum_{k \in K} d^k \{\min(0, c_{ij}^k - v_j^k + v_i^k, c_{ji}^k - v_i^k + v_j^k)\} y_{ij}$

条件 $\quad \sum_{(i,j) \in A} f_{ij} y_{ij} \leq B$

$\quad\quad\quad y_{ij} \in \{0,1\} \quad \forall (i,j) \in A$

この問題はナップサック問題となり，目的関数は下界平面となる．Lagrange

乗数 v が与えられたときに，下界平面を求めるための計算量は $O(|A||K|)$ である．

この問題の最適解を $\hat{y}$ とすると，LG のアークフローの最適解 $\hat{x}$ は，

$$\hat{x}_{ij}^k = \begin{cases} \tilde{x}_{ij}^k & if\ \hat{y}_{ij} = 1 \\ 0 & otherwise \end{cases} \quad \forall (i,j) \in A,\ k \in K$$

となる．

3.5.2 劣勾配法

よい下界値を求めるためには，LG の最適値を最大化する Lagrange 乗数 v を求めることが必要である．そこで，LG の最適解 $\hat{x}$ を用い，v を変数として LG を表すと，次のような制約条件のない最適化問題 LD となる．

$$\begin{aligned}
\text{最大化}_v \quad & \sum_{(i,j)\in A}\sum_{k\in K}(c_{ij}^k \hat{x}_{ij}^k + c_{ji}^k \hat{x}_{ji}^k) \\
& + \sum_{k\in K} v_{O^k}^k \left(-d^k - \sum_{i\in N_{O^k}} \hat{x}_{iO^k}^k + \sum_{j\in N_{O^k}} \hat{x}_{O^k j}^k\right) \\
& + \sum_{k\in K} v_{D^k}^k \left(d^k - \sum_{i\in N_{D^k}} \hat{x}_{iD^k}^k + \sum_{j\in N_{D^k}} \hat{x}_{D^k j}^k\right) \\
& + \sum_{n\in N\setminus\{D^k,O^k\}} \sum_{k\in K} v_n^k \left(-\sum_{i\in N_n} \hat{x}_{in}^k + \sum_{j\in N_n} \hat{x}_{nj}^k\right)
\end{aligned}$$

$\hat{x}$ は組合せ最適化問題の解であるため，v が変化したときに離散的に変化する．このため，LD の目的関数値の最適値も v に関して線形的でなく，区分線形的に変化する．そのため，v から見ると LD は微分不可能な点を含む関数の最適化問題となる．したがって，目的関数を最大化する v を求めるためには，微分不可能関数に対する解法を用いる必要がある．Lagrange 緩和問題に対しては，勾配法[58] が用いられることが多い．

LD の目的関数は v の 1 次関数であることから，劣勾配 w_n^k として v_n^k の係数，すなわち，

$$w_n^k = \begin{cases} -d^k - \sum_{i\in N_n} x_{in}^k + \sum_{j\in N_n} x_{nj}^k & if\ n = O^k \\ d^k - \sum_{i\in N_n} x_{in}^k + \sum_{j\in N_n} x_{nj}^k & if\ n = D^k \\ -\sum_{i\in N_n} x_{in}^k + \sum_{j\in N_n} x_{nj}^k & otherwise \end{cases}$$

を用いる.

はじめに，適当な v の初期値を設定する．目的関数値を改善する可能性があるように，劣勾配 w を用いて次のように v を更新する．

$$v_n^k := v_n^k + \theta^l w_n^k \quad \forall n \in N,\, k \in K$$

ここで，θ^l は l 回目の繰り返しにおけるステップサイズである．適当な上界値を UB，l 回目の繰り返しにおける LG の最適値である下界値を LB^l，パラメータを $\rho\,(0 < \rho < 2)$ としたときに，θ^l は次式で与えられる．

$$\theta^l = \frac{\rho(UB - LB^l)}{\sum_{k \in K}\sum_{n \in N}(w_n^k)^2}$$

上界値 UB が緩和問題の最適目的関数値に一致し，$\lim_{k \to \infty} \theta^l \to 0$ かつ $\sum_{l=1}^{\infty} \theta^l \to \infty$ であれば，v は Lagrange 乗数の最適値に収束する．

3.5.3 Lagrange ヒューリスティック

Lagrange 緩和問題 LG ではフロー保存条件を緩和しているため，その緩和解は BND の実行可能解とは限らない．そこで，緩和解のうち，デザイン変数解 $\hat{y}$ を用いてアークを定め，ネットワーク $G(\hat{y})$ で実行可能なフローが求められば，これらの解は BND の実行可能解となる．このように Lagrange 緩和解をもとに近似解を算出する解法を **Lagrange ヒューリスティック** (Lagrangian heuristic ; A.12 節) とよぶ．この解は優れたものであるという保証はなく，また一般に実行可能解となるとは限らない．しかし，劣勾配法の繰り返しごとに緩和解が得られ，これらを初期解としてフォワード法やバックワード法などを適用して改善すれば，適当な近似解を求めることができる．また，この近似解の目的関数値である上界値は UB として用いることができる．

ここで，BND に対する Lagrange 緩和法の手順をまとめておく．

***BND* に対する Lagrange 緩和法**

[ステップ 1] v の初期値を設定する．上界値を UB，下界値を LB とする．$UB := \infty$，$LB := 0$，$l := 1$ とし，繰り返し回数を l_{max}，収束判定基準を ϵ とする．

[ステップ 2] Lagrange 緩和問題 LG を解き, l 回目の下界値 LB^l, 最適解 $\hat{y}$, $\hat{x}$ を求める. $LB^l > LB$ であれば $LB := LB^l$ とする.

[ステップ 3] $\hat{y}$ を用いて Lagrange ヒューリスティックを行い, l 回目の上界値 UB^l を求める. $UB^l < UB$ であれば $UB := UB^l$ とする.

[ステップ 4] $l = l_{max}$ または $UB - LB < \epsilon$ であれば終了する.

[ステップ 5] $\hat{x}$ より劣勾配 w を求め, 劣勾配法により v を更新する. $l := l+1$ として, ステップ 2 へ戻る.

3.5.4 下界値の解法の比較

アークのフロー費用とデザイン費用が比例し, 予算が最小木を構成するアークのデザイン費用の 2 倍であり, $i < j$ であるすべてのノード間にアークと品種の需要があるようなユークリッド平面上の問題例 (同一ノード数各 10 問) を用いて, Hoang, Gallo による下界平面と Lagrange 緩和を用いた下界値を比較する. 表 3.2 は, 各解法による平均誤差であり, 各解法による下界値とバックワード法とその改良法で求めた最良の上界値との差の比率である. この問題例は, $i < j$ であるすべてのノード間にアークがあるような密なネットワークのため, Hoang や Gallo の下界平面による誤差が大きくなっている.

表 3.2 下界値の比較[48]

ノード数	アーク数	品種数	Hoang (%)	Gallo (%)	Lagrange 緩和 (%)
10	45	45	8.5	4.2	0.1
20	190	190	11.4	8.6	0.2
30	435	435	12.1	10.1	0.4
40	780	780	13.0	11.4	0.9
50	1225	1225	13.1	11.8	1.2
60	1770	1770	13.0	11.9	1.2
70	2415	2415	13.1	12.2	1.7
80	3160	3160	12.7	11.9	1.8
90	4005	4005	12.9	12.1	2.0
100	4950	4950	13.2	12.5	2.4

4 固定費用をもつネットワーク設計問題

ネットワークを設計する際に考慮すべき基本的な費用は，アークを設置するときに発生する費用であるデザイン費用とモノが移動するときに発生するフロー費用である．そこで，これら二種類の費用の合計を最小にするようなネットワーク設計問題を考える．デザイン費用はアークを設置するときに固定的にかかる費用であるため，この問題は**固定費用をもつネットワーク設計問題** (fixed charge network design problem；*FND*) とよばれる．ここでは，固定費用をもつネットワーク設計問題の中でも，複数の品種，すなわち，ネットワーク上に複数の始点・終点をもつ需要が存在する多品種フローを考慮したモデルを取り扱う．なお，この問題ではアーク容量は考慮しない．

> **(固定費用をもつネットワーク設計問題 *FND*)** ノード集合 N，デザイン費用 f とフロー費用 c をもつ向きをもたないアーク集合 A，品種の需要 d をもつ品種集合 K が与えられている．このとき，フロー費用とデザイン費用の合計を最小にするアーク集合 $A'(\subseteq A)$ と各品種のフローを求めよ．

●4.1● *FND* の定式化 ●

はじめに，*FND* に対するアークフローを用いた定式化を示す．アーク (i,j) 上の品種 k のフロー費用を c_{ij}^k，品種 k の需要がアーク (i,j) 上を移動する割合を表すアークフロー変数を x_{ij}^k とし，アーク (i,j) のデザイン費用を f_{ij}，デザイン変数を y_{ij} とする．また，すべての品種の需要を 1 とし，ノード n に接続す

るアークの他方の端点の集合を N_n とする．このとき，FND のアークフローによる定式化は次のようになる．

最小化 $\sum_{(i,j)\in A}\sum_{k\in K}(c_{ij}^k x_{ij}^k + c_{ji}^k x_{ji}^k) + \sum_{(i,j)\in A} f_{ij} y_{ij}$

条件 $\sum_{i\in N_n} x_{in}^k - \sum_{j\in N_n} x_{nj}^k = \begin{cases} -1 & if\ n = O^k \\ 1 & if\ n = D^k \\ 0 & otherwise \end{cases} \quad \forall n \in N, k \in K$ (4.1)

$x_{ij}^k \leq y_{ij},\ x_{ji}^k \leq y_{ij} \quad \forall (i,j) \in A, k \in K$ (4.2)

$x_{ij}^k \geq 0,\ x_{ji}^k \geq 0 \quad \forall (i,j) \in A, k \in K$

$y_{ij} \in \{0,1\} \quad \forall (i,j) \in A$

ここでは，需要をすべて 1 に基準化している．実際の需要が d^k である場合には，$c_{ij}^k := c_{ij}^k/d^k$，$d^k := 1$ とすれば，需要を 1 に基準化した問題に置き換えることができる．

目的関数はフロー費用とデザイン費用の総和であり，これを最小化する．(4.1)式はフロー保存式である．(4.2) 式は，x_{ij}^k の上限が 1 であることを考慮した強制制約式である．これは，アーク (i,j) が存在するときにのみ品種 k のフローの存在を許す制約式であり，アーク (i,j) 上の品種 k のフロー量とデザイン変数の関係を表す．

終点 (または始点) を同じにする品種に対して，フロー費用が等しいか比例するなどの場合が想定できれば，終点 (または始点) を同じにする品種のフローが同一のアーク上で互いに逆流しない最適解が存在する．この性質を利用すると，さらに強い強制制約式[7]を作成することができる．

$x_{ij}^k + x_{ji}^h \leq y_{ij} \quad \forall k \in K_n^O, h \in K_n^O, n \in N, (i,j) \in A$ (4.3)

$x_{ij}^k + x_{ji}^h \leq y_{ij} \quad \forall k \in K_n^D, h \in K_n^D, n \in N, (i,j) \in A$

ここで，K_n^O はノード n を始点とする品種の集合，K_n^D はノード n を終点とする品種の集合である．

また，同一ノードを始点とする品種と終点とする品種のフローが同一のアーク上で同じ向きに流れない最適解が存在することから，次式も妥当な強制制約

式となる．

$$x_{ij}^k + x_{ij}^h \leq y_{ij},\ x_{ji}^k + x_{ji}^h \leq y_{ij} \quad \forall k \in K_n^O,\ h \in K_n^D,\ n \in N,\ (i,j) \in A$$

● 4.2 ● 近似解法 ●

デザイン変数が与えられたときにでさえ，目的関数値を計算して評価するためには，すべての始点・終点間の最短路を計算する必要があり，$O(|N|^3)$ の計算量が必要となる．このため，近似解法としては，フォワード法やバックワード法といった目的関数値の評価回数を抑えることができる貪欲法が用いられる．ここでは，これらとあわせて，バックワード法を効率化した Minoux 法についても解説する．

4.2.1 フォワード法とバックワード法

FND に対しても，BND と同様の考えを用いたフォワード法とバックワード法が示されている．FND と異なり予算制約式をもたないため，目的関数値の減少量がアークの付加と削除の基準となる．

フォワード法

[ステップ1] デザイン費用をアークの重みとしたネットワーク上で最小木を求め，これを初期ネットワークとする．

[ステップ2] 現在のネットワークに含まれていないすべてのアークに対して，以下の計算を行う．
- このアークを加えたときの目的関数値の減少量，すなわち「アークを加えたときのフロー費用の減少量－アークのデザイン費用」を計算する．

[ステップ3] 減少量が正で最大のアークを選び，ネットワークに加え，ステップ2へ戻る．減少量が正のアークがなければ終了する．

> **バックワード法**
> [ステップ1] すべてのアークを含むネットワークを初期ネットワークとする．
> [ステップ2] 現在のネットワークに含まれるすべてのアークに対して，以下の計算を行う．
> - このアークを取り除いたときの目的関数値の減少量，すなわち，「アークのデザイン費用－アークを取り除いたときのフロー費用の増加量」を計算する．
>
> [ステップ3] 減少量が正で最大のアークを選び，ネットワークから取り除き，ステップ2へ戻る．減少量が正のアークがなければ終了する．

フォワード法では，一本のアークの付加に対する減少量評価に Murchland 法を用いると $O(|N|^2)$，減少量の評価回数が $O(|A|)$ であり，$O(|A|)$ 本のアークをネットワークに加えるため，計算量は $O(|A|^2|N|^2)$ となる．バックワード法では，減少量の評価に $O(|N|^3)$ を必要とするので，計算量は $O(|A|^2|N|^3)$ となる．

4.2.2 Minoux 法

アークを取り除くたびにネットワークの形状が変化するため，バックワード法では，現在のネットワークに含まれているアークをそれぞれ取り除いたときの目的関数値の減少量を再計算する必要がある．このため，アーク数が多い密なネットワークでは膨大な計算量が必要となる．そこで，アークを取り除くたびにすべてのアークに対して目的関数値の減少量を再計算するのではなく，最も減少量が大きい可能性のあるアークのみに対して減少量を再計算することによって，計算量を抑える **Minoux 法** (Minoux's algorithm)[67~69] が示されている．

はじめに，アーク $(i,j)(\in A)$ に対してこのアークを取り除いたときのノード i, j 間の最小フロー費用パスに，現在，アーク (i,j) を通っているフローを迂回させたときのフロー費用の増加量を求める．アーク (i,j) を取り除いたときの目的関数値の減少量の評価値 Δ_{ij} を「アーク (i,j) のデザイン費用 － フロー費用の増加量」とする．ただし，アーク (i,j) の両端点を始点・終点としない品種では，アーク (i,j) を取り除いたときのフロー費用の増加量はこの増加量以

下となるため,評価値 Δ_{ij} は近似的なものとなる.

続いて,アークを一本ずつ順々に取り除く操作を行うものとする.l 回目の操作時のネットワークにおいて,ネットワークに含まれているアーク (i,j) を取り除いたときの目的関数値の減少量の評価値を Δ_{ij}^{l} とする.l 回目と $l+1$ 回目の繰り返しにおけるネットワークに,アーク (i,j) がともに含まれているものとする.l 回目と比べて $l+1$ 回目の方はアーク数が一本少ないことから,アーク (i,j) を $l+1$ 回目に取り除いたときのフロー費用の増加量は,l 回目に取り除いたときの増加量以上となる.目的関数値の減少量の評価値は「デザイン費用 − フロー費用の増加量」であるので,必ず $l+1$ 回目の方が評価値は小さく(または等しく)なり,$\Delta_{ij}^{l+1} \leq \Delta_{ij}^{l}$ が成り立つ.したがって,l 回目において Δ_{ij}^{l} が負(目的関数値が増加)または 0 であれば,それ以降も負または 0 であるため,以後,このアークは取り除く対象から除外できる.

一方,もともと Δ_{ij} が大きなアークは,l 回目の Δ_{ij}^{l} も大きな値となると考えられる.そこで,Δ_{ij} が最大のアークについてのみ,現在のネットワークにおける評価値を再計算する.この減少量が最大であるときにのみ,このアークをネットワークから取り除く.

これらの性質と考えを利用して,バックワード法を効率化した解法が Minoux 法である.

Minoux 法

[ステップ 1]　すべてのアークを含むネットワークを初期ネットワークとする.

[ステップ 2]　ネットワークに含まれているすべてのアーク $(i,j)(\in A)$ について,このアークを取り除いた場合の目的関数値の減少量の評価値 Δ_{ij} を計算する.

[ステップ 3]　$\Delta_{ij} > 0$ であるアークについて,目的関数値の減少量の降順に該当するアークと減少量をリストに格納する.

[ステップ 4]　リスト内に $\Delta_{ij} > 0$ であるアークがなければ,終了する.そうでなければ,リストから Δ_{ij} が最大のアーク (i^{*},j^{*}) を取り出す.

[ステップ 5]　アーク (i^{*},j^{*}) に対して,現在のネットワークにおける $\Delta_{i^{*}j^{*}}$

を再計算する．
- (a) $\Delta_{i^*j^*} > 0$ で，リスト内で最大であれば，ステップ6へ．
- (b) $\Delta_{i^*j^*} > 0$ であれば，$\Delta_{i^*j^*}$ の値にしたがって，アーク (i^*, j^*) と $\Delta_{i^*j^*}$ をリスト内の適切な位置に挿入し，ステップ4へ戻る．
- (c) $\Delta_{i^*j^*} \leq 0$ であれば，ステップ4へ戻る．

[ステップ6] アーク (i^*, j^*) をネットワークから取り除き，ステップ4へ戻る．

初期計算を除けば，Minoux法はアークが実際に取り除く対象となる場合に限り減少量の近似的な評価値を計算するだけであるため，非常に高速な解法となる．計算量は $O(|A|^2|N|^2)$ であるが，平均的には $O(|A||N|^2)$ である．

Minoux法では目的関数値の減少量を近似値として求めているが，ステップ2とステップ5を2'と5'に置き換え，Murchland法を用いてすべての品種の始点・終点間の最短路問題を解き，厳密に目的関数値の減少量を求めても，実際の計算時間はそれほど増加せず，良好な近似解が得られる[49]．

Minoux法の改良

[ステップ2'] ネットワークに含まれているすべてのアーク $(i, j)(\in A)$ について，このアークを取り除いた場合の目的関数値の減少量 Δ_{ij} を厳密に計算する．

[ステップ5'] アーク (i^*, j^*) に対して，現在のネットワークにおける目的関数値の減少量 $\Delta_{i^*j^*}$ を厳密に再計算する．
- (a) $\Delta_{i^*j^*} > 0$ で，リスト内で最大であればステップ6へ．
- (b) $\Delta_{i^*j^*} > 0$ であれば，Δ_{i^*j} の値にしたがって，このアーク (i^*, j^*) と $\Delta_{i^*j^*}$ をリスト内の適切な位置に移動し，ステップ4へ戻る．
- (c) $\Delta_{i^*j^*} \leq 0$ であれば，ステップ4へ戻る．

4.2.3 近似解法の数値例と比較

図4.1に示すネットワークを用いて，フォワード法，バックワード法およびMinoux法を比較する．図の数値はアークのデザイン費用と品種に共通のフロー

4.2 近似解法

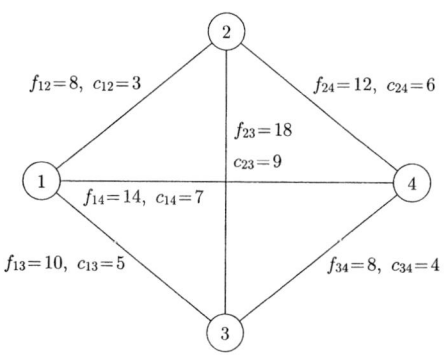

図 4.1 近似解法の比較

費用である．$i < j$ であるノード間に品種の需要が存在し，需要はすべて 1 とする．

フォワード法を行う．最小木はアーク $(1,2), (1,3), (3,4)$ である．$(1,4)$ を加えたときの変化量は $14 - 4 = 10$, $(2,3)$ では $18 - 0 = 18$, $(2,4)$ では $12 - 7 = 5$ であり，目的関数を減少できるアークが存在しないので，計算を終了する．得られた近似解はアーク $(1,2), (1,3), (3,4)$ であり，フロー費用は 44, デザイン費用は 26, 総費用は 70 である．

バックワード法と Minoux 法の計算過程を表 4.1 と表 4.2 に示す．表 4.1 に

表 4.1 バックワード法における減少量

アーク	1 回目			2 回目			3 回目			4 回目		
	FC	DC	TC	FC	DC	TC	FC	DC	TC	FC	DC	TC
$(1,2)$	-9	8	-1	-10	8	-2	-12	8	-4	$-\infty$	8	$-\infty$
$(1,3)$	-6	10	4	-7	10	3	-11	10	-1	$-\infty$	10	$-\infty$
$(1,4)$	-2	14	12	-2	14	◯ 12						
$(2,3)$	0	18	◯ 18									
$(2,4)$	-5	12	7	-5	12	7	-7	12	◯ 5			
$(3,4)$	-8	8	0	-8	8	0	-12	8	-4	$-\infty$	8	$-\infty$

表 4.2 Minoux 法における減少量

アーク	1 回目	2 回目	3 回目	4 回目
$(1,2)$	-1	$-$	$-$	$-$
$(1,3)$	4	$-$	$-$	$-\infty$
$(1,4)$	12	◯ 12		
$(2,3)$	◯ 18			
$(2,4)$	7	$-$	◯ 5	
$(3,4)$	0	$-$	$-$	$-$

表 4.3 上界値と計算時間の比較[49]

ノード数	アーク数	品種数	フォワード法		バックワード法		Minoux 法		Minoux 法の改良法	
			誤差(%)	計算時間(s)	誤差(%)	計算時間(s)	誤差(%)	計算時間(s)	誤差(%)	計算時間(s)
10	45	45	2.2	0.0	0.3	0.0	1.3	0.0	0.3	0.0
20	190	190	1.7	0.0	0.7	0.1	2.1	0.0	0.9	0.0
30	435	435	2.0	0.1	0.8	0.6	2.3	0.0	1.0	0.0
40	780	780	2.0	0.3	1.1	3.7	2.7	0.0	1.3	0.0
50	1225	1225	2.3	1.1	1.1	13.6	2.7	0.1	1.2	0.1
60	1770	1770	2.1	3.3	1.2	40.5	3.0	0.1	1.3	0.2
70	2415	2415	2.1	7.8	1.2	102.9	3.3	0.2	1.3	0.3
80	3160	3160	2.0	16.7	1.3	230.7	3.3	0.5	1.3	0.5
90	4005	4005	2.1	33.8	1.2	475.8	3.4	0.7	1.3	0.8
100	4950	4950	2.1	63.2	1.2	885.6	3.5	1.1	1.3	1.2

Pentium 3.4GHz, Intel Fortran

おいて，FC はアークを取り除いたときのフロー費用の変化量であり，マイナスは費用が増加することを表す．DC はデザイン費用の減少量，TC は FC と DC の和である総費用の減少量，〇はそのアークが取り除かれることを表す．表 4.2 では，総費用の減少量だけを示し，−は未計算を表す．Minoux 法では，減少量が正で最大のアークについてのみ減少量を再計算するために，減少量を計算する回数が大幅に減少している．なお，この例では得られた近似解はともにフォワード法と同一である．

アーク上のフロー費用とデザイン費用が比例し，デザイン費用/フロー費用 $= 10$, $i < j$ であるすべてのノード間にアークと品種の需要があるようなユークリッド平面上の問題例 (同一ノード数各 10 問) を用いて，バックワード法，Minoux 法，およびその改良法を比較する．表 4.3 は，各解法による平均誤差と平均計算時間である．誤差は，各解法による上界値と 4.4.2 項の Lagrange 緩和法により求めた下界値との差の比率である．四つの解法の中では，バックワード法が最も優れた解を算出している．バックワード法との差は，フォワード法で最大 1.9%，Minoux 法で最大 2.3%，Minoux 法の改良法で最大 0.2% となっている．対象とした問題はアーク数が多い密なネットワークであるため，バックワード法の計算時間は他の解法に比べて大きくなっている．Minoux 法と Minoux 法の改良法では，短時間で近似解が求まっている．

● 4.3 ● 厳密解法 ●

FND は $\mathcal{NP}$ 完全であるため，厳密解法として一般的な組合せ最適化に対する解法である分枝限定法や Benders 分解法が示されている．

4.3.1 分枝限定法

分枝限定法では限定操作に下界値が必要となるが，FND では特徴を生かしたいくつかの下界値[63] が示されている．

すべての二つのノード間に品種の需要がある問題を考える．分枝限定法の途中で，デザイン変数を 1 に固定したアークの集合を A_I，デザイン変数を 0 に固定したアークの集合を A_E，それ以外の未固定のアークの集合を A_U とおく．デザイン費用を重みとする $G(N, A_I \cup A_U)$ における最小木問題を解いて，最小木を求め，その重みの合計を F_{mst} とする．また，$G(N, A_I \cup A_U)$ における品種 $k(\in K)$ の最小フロー費用を求め，r_{IU}^k とおく．

任意のノード間に需要があるため，ネットワークは任意のノード間で連結していなければならない．このため，少なくとも最小木分のデザイン費用は必要であり，1 に固定したアークのデザイン費用 $\sum_{(i,j) \in A_I} f_{ij}$ と F_{mst} の大きな方がデザイン費用の下界値となる．また，フロー費用に対しては，$G(N, A_I \cup A_U)$ における最小フロー費用の和が下界値となる．したがって，次に示す LB_1 は FND の下界値となる．

$$LB_1 = \max\left\{\sum_{(i,j) \in A_I} f_{ij}, F_{mst}\right\} + \sum_{k \in K} r_{IU}^k$$

アーク (i, j) を取り除いたとき，このアークの両端を始点・終点とする品種のフロー費用の増加量を Δ_{ij} とおく．A_U に含まれるアーク (i, j) を加えたときにはデザイン費用 f_{ij} が発生し，取り除いたときにはフロー費用が Δ_{ij} だけ増加する．このことから，次に示す LB_2 は FND の下界値となる．

$$LB_2 = \max\left\{\sum_{(i,j) \in A_I} f_{ij} + \sum_{(i,j) \in A_U} \min(f_{ij}, \Delta_{ij}), F_{mst}\right\} + \sum_{k \in K} r_{IU}^k$$

LB_1 は最小木問題, LB_2 は最小木問題と最短路問題を解くことによって求めることができる. LB_1 は BND の Boyce–Farhi–Weischede の下界平面, LB_2 は Hoang の下界平面に対応している.

4.3.2 Benders 分解法

FND は, デザイン変数とフロー変数の二種類の変数をもつ問題であることから, **Benders 分解法** (Benders decomposition algorithm ; A.10 節参照) を適用することができる.

はじめに, デザイン変数を $\bar{y}$ に固定したネットワーク $G(\bar{y})$ における次のような問題 $FND(\bar{y})$ を考える.

最小化 $\sum_{(i,j)\in A} f_{ij}\bar{y}_{ij} + \sum_{(i,j)\in A}\sum_{k\in K}(c_{ij}^k x_{ij}^k + c_{ji}^k x_{ji}^k)$

条件 $\sum_{i\in N_n} x_{in}^k - \sum_{j\in N_n} x_{nj}^k = \begin{cases} -1 & if\ n = O^k \\ 1 & if\ n = D^k \\ 0 & otherwise \end{cases} \quad \forall n \in N,\ k \in K$ (4.4)

$x_{ij}^k \leq \bar{y}_{ij},\ x_{ji}^k \leq \bar{y}_{ij} \quad \forall (i,j) \in A,\ k \in K$ (4.5)

$x_{ij}^k \geq 0,\ x_{ji}^k \geq 0 \quad \forall (i,j) \in A,\ k \in K$

目的関数の第一項は定数項であり, 目的関数の第二項の最適値は $G(\bar{y})$ における最小フロー費用の和となる. 定数項を取り除けば, この問題は品種 k ごとの独立した問題に分割することができ, 分割された問題はアークの長さをフロー費用とした $G(\bar{y})$ における品種の始点・終点間の最短路問題となる.

次に, (4.4) 式に対する双対変数を v, (4.5) 式に対する双対変数を $w(\geq 0)$ として, 次のような双対問題 $DU(\bar{y})$ を作成する.

最大化 $\sum_{(i,j)\in A} f_{ij}\bar{y}_{ij} + \sum_{k\in K}\left\{v_{D^k} - v_{O^k} - \sum_{(i,j)\in A}(w_{ij}^k + w_{ji}^k)\bar{y}_{ij}\right\}$

条件 $w_{ij}^k \geq v_j^k - v_i^k - c_{ij}^k \quad \forall (i,j) \in A,\ k \in K$ (4.6)

$w_{ji}^k \geq v_i^k - v_j^k - c_{ji}^k \quad \forall (i,j) \in A,\ k \in K$ (4.7)

$w_{ij}^k \geq 0, w_{ji}^k \geq 0 \quad \forall (i,j) \in A,\ k \in K$ (4.8)

ここで, (4.6)〜(4.8) 式は,

$$w_{ij}^k = \max(v_j^k - v_i^k - c_{ij}^k, 0),\ w_{ji}^k = \max(v_i^k - v_j^k - c_{ji}^k, 0)$$
$$\forall (i,j) \in A,\ k \in K \quad (4.9)$$

とまとめることができる．$FND(\bar{y})$ は線形計画問題であるため，$FND(\bar{y})$ と $DU(\bar{y})$ の最適値は一致する．

$DU(\bar{y})$ は，品種 k ごとの $G(\bar{y})$ における品種 k の最短路問題の双対問題 $DU^k(\bar{y})$ に分解することができる．

最大化 $\quad v_{D^k} - v_{O^k} - \sum_{(i,j) \in A}(w_{ij}^k + w_{ji}^k)\bar{y}_{ij}$

条件 $\quad w_{ij}^k = \max(v_j^k - v_i^k - c_{ij}^k, 0) \quad \forall (i,j) \in A$

$\qquad w_{ji}^k = \max(v_i^k - v_j^k - c_{ji}^k, 0) \quad \forall (i,j) \in A$

$DU^k(\bar{y})$ の最適値は，ネットワーク $G(\bar{y})$ における品種 k の最短距離 (最小フロー費用) となる．

FND の目的関数値を表す変数を z としたとき，**弱双対定理** (weak dual theorem) より，z は双対問題の任意の実行可能解の目的関数値以上となるため，次式が成り立つ．

$$z \geq \sum_{(i,j) \in A} f_{ij}\bar{y}_{ij} + \sum_{k \in K}\left\{v_{D^k} - v_{O^k} - \sum_{(i,j) \in A}(w_{ij}^k + w_{ji}^k)\bar{y}_{ij}\right\} \quad (4.10)$$

この式を **Benders カット** (Benders cut) とよぶ．このカットと $DU(y)$ の端点集合 Ω を用いると，Benders 分解法における主問題 P は次のようになる．

最小化 $\quad z$

条件 $\quad z \geq \sum_{(i,j) \in A} f_{ij}y_{ij} + \sum_{k \in K}\Big\{v_{D^k} - v_{O^k}$

$\qquad - \sum_{(i,j) \in A}(w_{ij}^k + w_{ji}^k)y_{ij}\Big\} \quad \forall (\boldsymbol{v},\boldsymbol{w}) \in \Omega$

$\qquad y_{ij} \in \{0,1\} \qquad\qquad\qquad \forall (i,j) \in A$

双対問題 $DU(\bar{y})$ は，ネットワーク $G(\bar{y})$ における最短路問題の双対問題となるため，容易に解くことができ，最適な $\boldsymbol{v}$ は $G(\bar{y})$ における各品種の始点からノードまでの距離となる．この値と (4.9) 式から最適な $\boldsymbol{w}$ を求めれば，Benders カットを作成することができる．$\boldsymbol{w}$ は，アークが存在するときの各品種に関す

る最短距離の減少分と見なすことができる.

$DU(\bar{y})$ の最適解を $(\bar{v},\bar{w})$, $G(1)$ における各ノードから終点までの最短距離を $\hat{u}$ とする.次のように,終点までの距離を考慮することによって求めた $(\tilde{v},\tilde{w})$ を用いると,より強い Magnanti–Mireault–Wong の Benders カット[65] を求めることができる.

Magnanti–Mireault–Wong の Benders カット

[ステップ1] $G(\bar{y})$ における品種 $k(\in K)$ の始点からノード $i(\in N)$ までの最短距離を $\bar{v}_i^k$ とし,$G(1)$ におけるノード i から品種 k の終点 D^k までの最短距離を $\hat{u}_i^k$ とする.

[ステップ2]

$$\tilde{v}_{D^k}^k := \bar{v}_{D^k}^k \qquad \forall k \in K$$

$$\tilde{v}_{O^k}^k := \bar{v}_{O^k}^k \qquad \forall k \in K$$

$$\delta_i^k := \tilde{v}_{D^k}^k - \hat{u}_i^k \qquad \forall i \in N,\, k \in K$$

$$\tilde{v}_i^k := \min(\bar{v}_i^k, \delta_i^k) \quad \forall i \in N,\, k \in K,\, i \neq O^k \text{ or } D^k \quad (4.11)$$

$$\tilde{w}_{ij}^k := \max(0, \tilde{v}_j^k - \tilde{v}_i^k - c_{ij}^k) \quad \forall (i,j) \in A,\, k \in K \quad (4.12)$$

$$\tilde{w}_{ji}^k := \max(0, \tilde{v}_i^k - \tilde{v}_j^k - c_{ji}^k) \quad \forall (i,j) \in A,\, k \in K$$

ステップ 2 において,δ_i^k は $G(\bar{y})$ における品種 k の始点から終点までの距離と $G(1)$ におけるノード i から終点までの距離の差である.

$(\tilde{v},\tilde{w})$ は明らかに $DU(\bar{y})$ の実行可能解である.そこで,はじめに $\tilde{w}_{ij}^k \leq \bar{w}_{ij}^k$, $\tilde{w}_{ji}^k \leq \bar{w}_{ji}^k$ となること,続いて目的関数値が最適値と一致することを示し,$(\tilde{v},\tilde{w})$ が $DU(\bar{y})$ の最適解であることを示す.

ステップ 2 において,(4.11) 式に注目して,$\tilde{v}_i^k = \bar{v}_i^k$ である場合と $\tilde{v}_i^k = \delta_i^k$ である場合に分けて考える.はじめに,$\tilde{v}_i^k = \bar{v}_i^k$ である場合を考える.$\tilde{v}_j^k = \min(\bar{v}_j^k, \delta_j^k) \leq \bar{v}_j^k$ であるので,$\tilde{v}_j^k - \tilde{v}_i^k - c_{ij}^k \leq \bar{v}_j^k - \bar{v}_i^k - c_{ij}^k$ となる.このため,(4.9) 式と (4.12) 式より,$\tilde{w}_{ij}^k \leq \bar{w}_{ij}^k$ となる.同様に $\tilde{w}_{ji}^k \leq \bar{w}_{ji}^k$ となる.

次に,$\tilde{v}_i^k = \delta_i^k$ である場合を考える.終点までの最短距離に関して $\hat{u}_j^k \leq \hat{u}_i^k + c_{ij}^k$ が成り立つので,$\delta_j^k = \tilde{v}_{D^k}^k - \hat{u}_j^k \leq (\tilde{v}_{D^k}^k - \hat{u}_i^k) + c_{ij}^k$ となり,$\delta_j^k \leq \delta_i^k + c_{ij}^k$

4.3 厳密解法

79

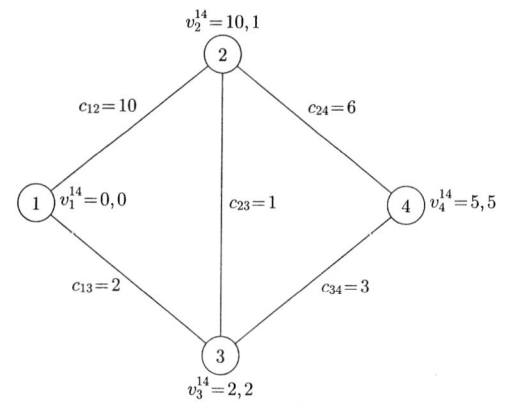

図 **4.2** Benders カットの比較
$v = $ 通常のカット,Magnanti のカット

となる.また,(4.11) 式より,$\tilde{v}_j^k - \tilde{v}_i^k \leq \delta_j^k - \delta_i^k \leq (\delta_i^k + c_{ij}^k) - \delta_i^k = c_{ij}^k$ となる.(4.12) 式より $\tilde{w}_{ij}^k = 0$ となり,$\bar{w}_{ij}^k \geq 0$ より $\tilde{w}_{ij}^k \leq \bar{w}_{ij}^k$ となる.同様に $\tilde{w}_{ji}^k \leq \bar{w}_{ji}^k$ となる.

一方,$\bar{y}_{ij} = 1$ のとき,$c_{ij}^k + \bar{v}_i^k - \bar{v}_j^k \geq 0$ が成り立つので,$\bar{w}_{ij}^k = 0$ となる.したがって,$0 \leq \tilde{w}_{ij}^k \leq \bar{w}_{ij}^k = 0$ となり,$\tilde{w}_{ij}^k = 0$ となる.同様に $\tilde{w}_{ji}^k = 0$ である.また,$\tilde{v}_{D^k}^k - \tilde{v}_{O^k}^k = \bar{v}_{D^k}^k - \bar{v}_{O^k}^k$ である.したがって,$(\tilde{v}^k, \tilde{w}^k)$ を解とする $DU^k(\bar{y})$ の最適値は $\tilde{v}_{D^k} - \tilde{v}_{O^k} = \bar{v}_{D^k} - \bar{v}_{O^k}$ となり,$(\bar{v}^k, \bar{w}^k)$ の最適値と一致する.

以上のことから,$(\tilde{v}, \tilde{w})$ は,$DU(\bar{y})$ の最適解となる.そこで,$(\tilde{v}, \tilde{w})$ を (4.10) 式に代入すれば,Benders カットが求まる.

図 4.2 に示すネットワークを用いて,Benders カットの例を示す.品種を $1 \to 4$ のみとし,$\bar{y}_{23} = 0$,その他のデザイン変数を $\bar{y}_{ij} = 1$ とし,すべてのデザイン費用を 1 とする.通常の Benders カットにおける $\tilde{v}$ は図 4.2 に示すように,$\tilde{v}_1^{14} = 0$,$\tilde{v}_2^{14} = 10$,$\tilde{v}_3^{14} = 2$,$\tilde{v}_4^{14} = 5$ となり,$\tilde{w}_{32}^{14} = 10 - 2 - 1 = 7$,それ以外は $\tilde{w}_{ij}^{14} = 0$ となる.したがって,通常の Benders カットは $z \geq \sum y_{ij} + 5 - 7y_{23}$ となる.

次に,Magnanti–Mireault–Wong の Benders カットを示す.$G(\mathbf{1})$ における終点までの最短距離 $\hat{u}$ は $\hat{u}_1^{14} = 5$,$\hat{u}_2^{14} = 4$,$\hat{u}_3^{14} = 3$,$\hat{u}_4^{14} = 0$ であるので,

$\tilde{v}_1^{14} = 0$, $\tilde{v}_2^{14} = \min(10, 5-4) = 1$, $\tilde{v}_3^{14} = \min(2, 5-3) = 2$, $\tilde{v}_4^{14} = 5$ となり，$\tilde{w}_{23}^{14} = 2-1-1 = 0$，それ以外も 0 となる．したがって，Benders カットは $z \geq \sum y_{ij} + 7$ となり，通常のものより強いカットとなる．

同一の終点をもつ品種が同一のアーク上で逆流しないことを表す強制制約式

$$x_{ij}^k + x_{ji}^h \leq y_{ij} \quad \forall k \in K_n^O,\ h \in K_n^O,\ n \in N,\ (i,j) \in A$$

を用いると，次の強い Benders カットが生成できる．

$$z \geq \sum_{(i,j) \in A} f_{ij} y_{ij} + \sum_{k \in K} (v_{D^k} - v_{O^k}) \\ - \sum_{(i,j) \in A} \sum_{n \in N} \max\left(\sum_{k \in K_n^O} w_{ij}^k, \sum_{k \in K_n^O} w_{ji}^k \right) y_{ij}$$

$(\boldsymbol{v}, \boldsymbol{w})$ には，Magnanti の Benders カットで求めた解 $(\tilde{\boldsymbol{v}}, \tilde{\boldsymbol{w}})$ をそのまま用いることができる．

ネットワークの連結性が保証されていれば，あらかじめ適当なカットセット $(S, N \backslash S)$ に対して，主問題に次のような妥当なカットを追加することができる．

$$\sum_{(i,j) \in (S, N \backslash S)} y_{ij} \geq 1 \quad S \subset N$$

主問題 P は 0–1 変数からなる組合せ最適化問題であり，Benders 分解法ではこの主問題を繰り返し解く必要がある．このため，多くのデザイン変数をもつ大規模な問題への適用には困難が伴う．

●4.4● 双対上昇法および緩和法　●

優れた下界値を求める手法として双対上昇法や Lagrange 緩和法があり，これらの解法では緩和解をもとにしたヒューリスティックにより近似解も同時に求めることができる．ここでは，ダミー容量を用いて下界値を求める容量改善法もあわせて解説する．

4.4.1 双対上昇法

双対上昇法 (dual ascent algorithm；A.8 節を参照) は，双対ギャップが小さい強い制約式をもつ定式化を用い，その線形緩和問題の双対問題を作成し，目的関数値が上昇するようにヒューリスティックに双対変数を設定して，下界値を算出し，双対変数解をもとに近似解を求める手法である．FND に対しては，ラベリング法を用いて，カットセット上のアークと最短路の関係から双対変数を設定する双対上昇法[7] が示されている．

FND のアークフローによる定式化において，(4.1) 式に対する双対変数を v とし，(4.2) 式に対する双対変数を $w(\geq 0)$ とおく．このとき，FND の線形緩和問題の双対問題 DU は次のようになる．

$$\begin{aligned}
\text{最大化} \quad & \sum_{k \in K}(v_{D^k} - v_{O^k}) \\
\text{条件} \quad & v_j^k - v_i^k \leq c_{ij}^k + w_{ij}^k && \forall (i,j) \in A,\ k \in K \\
& v_i^k - v_j^k \leq c_{ji}^k + w_{ji}^k && \forall (i,j) \in A,\ k \in K \\
& \sum_{k \in K}(w_{ij}^k + w_{ji}^k) \leq f_{ij} && \forall (i,j) \in A \quad (4.13)\\
& w_{ij}^k \geq 0,\ w_{ji}^k \geq 0 && \forall (i,j) \in A,\ k \in K
\end{aligned}$$

a. ラベリング法

(4.13) 式を考慮しなければ，DU は品種 k に関するアーク (i,j) の長さを $c_{ij}^k + w_{ij}^k$ とした最短路問題の双対問題となる．はじめに，$w_{ij}^k = w_{ji}^k := 0 ((i,j) \in A, k \in K)$ とおく．f_{ij} をアーク (i,j) の資源と考えれば，(4.13) 式は資源 f_{ij} を w_{ij}^k に配分すると解釈できる．f_{ij} を w_{ij}^k に配分すると w_{ij}^k が増加するため，品種 k に関してアークの長さ $c_{ij}^k + w_{ij}^k$ も増加し，結果として目的関数値である始点・終点間の距離である $v_{D^k} - v_{O^k}$ が増加する．このことから，DU は，資源 f_{ij} を w_{ij}^k に分配することによって，各品種の始点と終点間の距離の合計を最大化させる問題と解釈できる．

アーク (i,j) が品種 k の最短路に含まれていれば，w_{ij}^k（または w_{ij}^k）が増加することによって，品種 k の終点までの最短距離が増加する．ただし，最短距離を増加できる w_{ij}^k の値は，資源 f_{ij} の範囲内で，かつアーク (i,j) の長さが増加した後も，このアークが最短路に含まれる範囲内に限られる．$c_{ij}^k + w_{ij}^k - v_j^k + v_i^k = 0$

であれば，アーク (i,j) が最短路に含まれていると判断できる．

品種 k の終点 D^k，および資源 f_{ij} の残余が 0 となったアークの端点の集合を N_2^k とし，これらに永久ラベルをつける．また，それら以外のノード集合を N_1^k として，これらに一時ラベルをつける．カットセット (N_2^k, N_1^k) 上のアークに対して，上述の範囲内で w_{ij}^k の増加量の最大値 δ を求め，下界値を上昇させていく．

ラベリング法

[ステップ 1] $w_{ij}^k := 0, w_{ji}^k := 0 \quad \forall (i,j) \in A, k \in K$

$v_i^k := $ 「アーク (i,j) の長さを c_{ij}^k とした $G(1)$ における始点 O^k からノード i までの最短距離」 $\quad \forall i \in N, k \in K$

$s_{ij} := f_{ij} \qquad \forall (i,j) \in A$

$N_1^k := N \backslash \{D^k\} \qquad \forall k \in K$

$N_2^k := \{D^k\} \qquad \forall k \in K$

$LB := \sum_{k \in K} v_{D^k}^k$

$K' := \{k \in K | O^k \in N_1^k\}$

[ステップ 2] 品種 $k (\in K')$ を選ぶ．

$A^k := \{(i,j) | i \in N_1^k, j \in N_2^k\}$

[ステップ 3] $\tilde{A}^k := \{(i,j) | c_{ij}^k + w_{ij}^k - v_j^k + v_i^k = 0, (i,j) \in A^k\}$

$\delta_1 := \min\{s_{ij} | (i,j) \in \tilde{A}^k\}$

$\delta_2 := \min\{c_{ij}^k + w_{ij}^k - v_j^k + v_i^k | (i,j) \in A^k \backslash \tilde{A}^k\}$

$\delta := \min(\delta_1, \delta_2)$

[ステップ 4] $w_{ij}^k := w_{ij}^k + \delta \quad \forall (i,j) \in \tilde{A}^k$

$s_{ij} := s_{ij} - \delta \qquad \forall (i,j) \in \tilde{A}^k$

$v_n^k := v_n^k + \delta \qquad \forall n \in N_2^k$

$LB := LB + \delta$

[ステップ 5] $\delta = \delta_1$ であれば，$s_{ij} = 0$ かつ $(i,j) \in \tilde{A}^k$ であるノード i を i^* とする．

$N_1^k := N_1^k \backslash \{i^*\}, N_2^k := N_2^k \cup \{i^*\}$

[ステップ 6] $K' := K' \backslash \{k\}$ とし，$K' \neq \emptyset$ であればステップ 2 へ戻る．

4.4 双対上昇法および緩和法

[ステップ 7] すべての品種 $k(\in K)$ に対して,$O^k \in N_2^k$ であれば終了する.そうでなければ,$K' := \{k \in K | O^k \in N_1^k\}$ として,ステップ 2 へ戻る.

ここで,s_{ij} は (4.13) 式のアーク (i,j) に対するスラック変数であり,資源 f_{ij} の残余を表す.また,LB は下界値である.

ステップ 3 を簡単に説明しておく.$\tilde{A}^k$ は,アークの長さを $c_{ij}^k + w_{ij}^k$ としたときに,現在の品種 k の最短路に含まれているカットセット (N_2^k, N_1^k) 上のアーク集合である.δ_1 は,$\tilde{A}^k$ に含まれるアークのもつ資源 f_{ij} の残余 s_{ij} の中の最小値である.δ_2 は,現在最短路に含まれていないアークの長さが増加したときに,そのアークが最短路に含まれるようになるときの増加量の中の最小値である.また,最終的に得られた LB が FND の下界値となる.

図 4.3 に示すネットワークを用いて,ラベリング法の例を示す.$1 \to 4$ の 1 品種とし,図の数値はアークのデザイン費用とフロー費用である.1 品種のため,品種番号は省いて表現している.はじめに,$N_2 = \{4\}$,$N_1 = \{1,2,3\}$,$s_{12} = f_{12} = 4$,$s_{14} = f_{14} = 5$,$s_{13} = s_{24} = s_{34} = 0$,$z = 10$ である.一回目の計算を行う.$\tilde{A} = \{(2,4)\}$ であるので,$\delta = \delta_1 = s_{24} = 0$,$z = 10$,$N_2 = \{2,4\}$,$N_1 = \{1,3\}$ となる.二回目の計算を行う.$\tilde{A} = \{(1,2)\}$ であるので,$\delta_1 = 4$,$\delta = \delta_2 = c_{14} - (v_4 - v_1) = 2$ となり,$v_4 = 12$,$v_2 = 7$,$s_{12} = 4 - 2 = 2$,$z = 10 + 2 = 12$ となる.三回目の計算を行う.$\tilde{A} = \{(1,2), (1,4)\}$ であるの

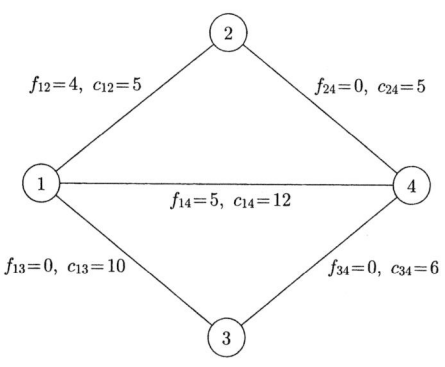

図 4.3 双対上昇法

で，$\delta = \delta_1 = s_{12} = 2$ となり，$v_4 = 14$, $v_2 = 9$, $s_{12} = 2 - 2 = 0$, $z = 14$, $N_2 = \{1, 2, 4\}$ となる．品種 $(1, 4)$ の始点 1 が N_2 に含まれたので，計算を終了する．下界値は 14 となる．

b. 双対ヒューリスティック

求められた双対解をもとに，主問題の実行可能解をヒューリスティックに求める方法を**双対ヒューリスティック** (dual heuristic)[7] とよぶ．ラベリング法によって得られたスラック変数 s に注目する．s_{ij} はアーク (i, j) に関する資源 f_{ij} の残余である．一方，線形計画問題における y_{ij} に関する相補性条件は，

$$\left\{ f_{ij} - \sum_{k \in K} (w_{ij}^k + w_{ji}^k) \right\} y_{ij} = s_{ij} y_{ij} = 0 \quad \forall (i, j) \in A$$

である．したがって，線形緩和問題の最適解において，$y_{ij} > 0$ であるためには $s_{ij} = 0$ でなければならない．

このことから，FND は線形計画問題ではないが，$s_{ij} = 0$ であれば $y_{ij} = 1$ である可能性が高いと考える．そこで，$s_{ij} = 0$ であるアークに対して $y_{ij} = 1$，それ以外のアークに対して $y_{ij} = 0$ としたものをデザイン変数の解 $\tilde{y}$ とする．$G(\tilde{y})$ においてフローが求まれば，これらは実行可能解となる．この解は優れたものであるという保証はないため，この解を初期解としてフォワード法やバックワード法などを適用して改善すれば，適当な近似解を求めることができる．

図 4.3 に示すネットワークを用いて，双対ヒューリスティックの例を示す．ラベリング法の終了後に，スラック変数が 0 であるアークは $(1, 2), (1, 3), (2, 4), (3, 4)$ であり，これらのアークをネットワークに加える．このとき，デザイン費用は 4，フロー費用はパス $(1, 2, 4)$ の 10 であり，総費用は 14 となる．

4.4.2 Lagrange 緩和法

BND と同様に，フロー保存式に対する Lagrange 緩和問題[47] を作成する．ここでは，逆流を考慮した強制制約式である (4.3) 式を含む定式化を用いる．

Lagrange 乗数 v を用いて (4.1) 式を Lagrange 緩和すると，緩和問題 LG は次のように表される．

最小化 $\sum_{k \in K} (v_{D^k}^k - v_{O^k}^k)$

4.4 双対上昇法および緩和法

$$+ \sum_{(i,j) \in A} \sum_{n \in N} \sum_{k \in K_n^O} \{(c_{ij}^k - v_j^k + v_i^k)x_{ij}^k$$
$$+ (c_{ji}^k - v_i^k + v_j^k)x_{ji}^k\} + \sum_{(i,j) \in A} f_{ij} y_{ij}$$

条件 $x_{ij}^k + x_{ji}^h \leq y_{ij} \quad \forall k \in K_n^O, \ h \in K_n^O, \ n \in N, \ (i,j) \in A$

$x_{ij}^k \geq 0, \ x_{ji}^k \geq 0 \quad \forall k \in K_n^O, \ n \in N, \ (i,j) \in A$

$y_{ij} \in \{0,1\} \quad \forall (i,j) \in A$

適当な v を与えると目的関数の第一項は定数項として扱えるため,LG はアーク (i,j) ごとの独立した次のような問題 LG_{ij} に分割できる.

最小化 $\sum_{n \in N} \sum_{k \in K_n^O} \{(c_{ij}^k - v_j^k + v_i^k)x_{ij}^k + (c_{ji}^k - v_i^k + v_j^k)x_{ji}^k\} + f_{ij} y_{ij}$

条件 $x_{ij}^k + x_{ji}^h \leq y_{ij} \quad \forall k \in K_n^O, \ h \in K_n^O, \ n \in N$

$x_{ij}^k \geq 0, \ x_{ji}^k \geq 0 \quad \forall k \in K_n^O, \ n \in N$

$y_{ij} \in \{0,1\}$

さらに,$y_{ij} = 1$ である場合,LG_{ij} は次のようなノード n ごとの独立した問題に分割できる.

最小化 $\sum_{k \in K_n^O} \{(c_{ij}^k - v_j^k + v_i^k)x_{ij}^k + (c_{ji}^k - v_i^k + v_j^k)x_{ji}^k\} + f_{ij}$

条件 $x_{ij}^k + x_{ji}^h \leq 1 \quad \forall k \in K_n^O, \ h \in K_n^O$

$x_{ij}^k \geq 0, \ x_{ji}^k \geq 0 \quad \forall k \in K_n^O$

$i \to j$ 方向のフローが存在するとき,x_{ij}^k の上限は 1 であり,かつ最小化問題であるため,目的関数値の最適値は $\sum_{k \in K_n^O} \min(0, c_{ij}^k - v_j^k + v_i^k)$ となる.一方,$j \to i$ 方向のフローが存在するとき,目的関数値の最適値は $\sum_{k \in K_n^O} \min(0, c_{ji}^k - v_i^k + v_j^k)$ となる.最小化問題であるため,$y_{ij} = 1$ である場合はこれらの小さい方となり,

$$\min\left\{\sum_{k \in K_n^O} \min(0, c_{ij}^k - v_i^k + v_j^k), \sum_{k \in K_n^O} \min(0, c_{ij}^k - v_i^k + v_j^k)\right\}$$

が最適値となる.

$y_{ij} = 0$ である場合,LG_{ij} の最適値は 0 である.したがって,LG_{ij} はフロー変数 x を用いない次のような問題に置き換えることができる.

最小化 $\sum_{n \in N} \Big[\Big\{ \min \Big(\sum_{k \in K_n^O} \min(0, c_{ij}^k - v_j^k + v_i^k),$
$\qquad\qquad\qquad \sum_{k \in K_n^O} \min(0, c_{ji}^k - v_i^k + v_j^k) \Big) \Big\} + f_{ij} \Big] y_{ij}$

条件　$y_{ij} \in \{0, 1\}$

また，LG の最適解 $\hat{y}$ は，

$$\hat{y}_{ij} = \begin{cases} 1 & if\ \sum_{n \in N} \Big[\min \Big\{ \sum_{k \in K_n^O} \min(0, c_{ij}^k - v_j^k + v_i^k), \\ & \qquad \sum_{k \in K_n^O} \min(0, c_{ji}^k - v_i^k + v_j^k) \Big\} \Big] + f_{ij} \leq 0 \quad \forall (i,j) \in A \\ 0 & otherwise \end{cases}$$

となる．$\hat{y}$ と v を LG の目的関数に代入することによって LG の最適値，すなわち FND の下界値を求めることができる．

また，ネットワークの連結性を制約条件に加えると，Lagrange 緩和問題が最小木問題に帰着され，下界値を改善することができる．

Lagrange 乗数 v は，劣勾配法などを用いて設定することができる．また，実行可能解や上界値は，BND と同様に，緩和解を用いた Lagrange ヒューリスティックにより求めることができる．

4.4.3　容量改善法

容量改善法 (capacity improvement algorithm)[59] は，アーク上の最適フロー量とアーク容量の関係に注目し，最適なフロー量を満足する範囲内で擬似的なアーク容量を減少させ，下界値を上昇させる方法である．ここでは，向きのあるアークを対象とする．

アーク (i,j) 上のフロー量を表すフロー変数を x_{ij} とし，次のような容量制約式を追加する．

$$x_{ij} = \sum_{k \in K} x_{ij}^k \leq C_{ij} y_{ij} \quad \forall (i,j) \in A \qquad (4.14)$$

ここで，C_{ij} はアーク (i,j) のアーク容量である．容量が特定できない場合には，すべての品種の需要の合計値を C_{ij} とおけばよい．なお，強制制約式は使用しない．

4.4 双対上昇法および緩和法

次に, $y_{ij} \in \{0,1\}$ を $y_{ij} \geq 0$ に置き換えた FND の線形緩和問題を考える. この問題は最小化問題であるため, y_{ij} の値は小さい方が望ましく, 最適解では (4.14) 式が等号で成り立つ. そこで, (4.14) 式を等号に置き換え, この式の y_{ij} を目的関数に代入した**線形化フロー問題** (linearization flow problem ; LZF) を作成する. LZF は次のようになる.

最小化 $\sum_{(i,j) \in A} \sum_{k \in K} (c_{ij}^k + f_{ij}/C_{ij}) x_{ij}^k$ (4.15)

条件 $\sum_{i \in N_n^+} x_{in}^k - \sum_{j \in N_n^-} x_{nj}^k = \begin{cases} -1 & if\ n = O^k \\ 1 & if\ n = D^k \\ 0 & otherwise \end{cases} \quad \forall n \in N,\ k \in K$

$x_{ij}^k \geq 0 \quad \forall (i,j) \in A,\ k \in K$

ここで, N_n^- はノード n を始点とするアークの終点の集合, N_n^+ はノード n を終点とするアークの始点の集合である.

LZF はアーク (i,j) の長さを $(c_{ij}^k + f_{ij}/C_{ij})$ とした品種 k ごとの独立した問題に分割することができる. これらは品種 k の始点・終点間の最短路問題に帰着されるため, 容易に解くことができる. また, それらの目的関数値の合計は FND の下界値となる. しかし, アーク容量が大きな場合はアークの長さが短くなるため, LZF から得られる下界値は悪い値となる.

ここで, FND の最適解におけるフロー量以上であるアーク容量を妥当なアーク容量と定義し, 妥当なアーク容量を表す変数を $\boldsymbol{u}$ とおく. (4.15) 式からもわかるように, アーク容量 C を妥当でかつ小さな $\boldsymbol{u}$ に置き換えることができればアークの長さを長くすることができ, 下界値を上昇することができる. ここで, LZF において, アーク容量 C を $\boldsymbol{u}$ で置き換えた問題を $LZF(\boldsymbol{u})$ とおく.

次に, 適当な目標値を t, アーク (i,j) の容量変数 u_{ij} の非負の試行値を $\bar{w}_{ij}$ とする. あるアーク (i,j) に対して, $LZF(\boldsymbol{u})$ の制約に

$$x_{ij} \geq \bar{w}_{ij}$$

を追加した補助問題を考え, この問題の最適値を $\hat{z}[\bar{w}_{ij}]$ とおく. また, FND の最適値を $\hat{z}_{FND}$, t を $t > \hat{z}_{FND}$ とし,

$$w_{ij}(t) = \min\{\bar{w}_{ij}|\hat{z}[\bar{w}_{ij}] \geq t\} \quad \forall (i,j) \in A$$
$$u_{ij}(t) = \min\{w_{ij}(t), C_{ij}\} \quad \forall (i,j) \in A$$

とする．このとき，$u_{ij}(t)$ は FND のアーク (i,j) の妥当なアーク容量となる．

$LZF(\boldsymbol{u}(t))$ の最適目的関数値を $\hat{z}[\boldsymbol{u}(t)]$ とし，LZF の最適目的関数値を $\hat{z}_{LZF}$ とし，次のように $LB(t)$ を定義する．

$$LB(t) = \min\{t, \hat{z}[\boldsymbol{u}(t)]\}$$

$t \geq \hat{z}_{LZF}$ である t を与えたときに，$\hat{z}_{LZF} \leq LB(t) \leq \hat{z}_{FND}$ が成り立ち，$LB(t)$ は FND の下界値となる[59]．

4.4.4 下界値の解法の比較

アーク上のフロー費用とデザイン費用が比例し，デザイン費用/フロー費用 $= 10$，$i < j$ であるすべてのノード間にアークと品種の需要があるユークリッド平面上の問題例(同一ノード数各10問)を用いて，双対上昇法と Lagrange 緩和法を比較する．表4.4は，各解法による平均誤差と平均計算時間である．誤差は下界値と上界値との差の比率であり，上界値は Lagrange ヒューリスティックまたはバックワード法によって求めた値である．双対上昇法に比べて，Lagrange 緩和法は優れた下界値を算出するが，多くの計算時間を必要とする．

表 4.4 下界値と計算時間の比較[49]

ノード数	アーク数	品種数	双対上昇法 誤差 (%)	双対上昇法 計算時間 (s)	Lagrange 緩和法 誤差 (%)	Lagrange 緩和法 計算時間 (s)
10	45	45	2.0	0.1	0.2	0.0
20	190	190	3.6	0.1	0.7	0.9
30	435	435	3.3	0.1	0.8	4.4
40	780	780	3.5	0.4	1.0	14.6
50	1225	1225	3.4	0.3	1.0	34.8
60	1770	1770	3.4	1.3	1.0	82.2
70	2415	2415	3.3	2.1	1.1	304.6
80	3160	3160	3.3	3.2	1.1	660.0
90	4005	4005	3.2	5.4	1.1	1185.8
100	4950	4950	3.2	6.6	1.1	1816.2

Pentium 3.4GHz,Intel Fortran;
Lagrange 緩和法における繰り返し回数=1000

5 容量制約をもつ最小木問題

通信ネットワークにおいて，ネットワークを設計することは最も基本的な課題の一つである．通信ネットワークを設計する際には，単位時間当たりに処理できる量の上限値である回線容量を考慮することが重要となる．また，ローカルエリアネットワークでは，一つのサーバやルータに複数の端末を接続するような設計が行われ，マルチポイントやマルチドロップなどのようにネットワーク上に閉路を含まない，すなわちネットワークの形状が木であるという設計が行われることが多い．

このような設計問題は，**容量制約をもつ最小木問題** (capacitated minimum spanning tree problem ; $CMST$) としてモデル化することができる．$CMST$ は，各品種の需要とアーク容量が与えられたときに，デザイン費用の合計を最小にする全域木を求める問題である．ここで対象とする品種は，ルート (root) である一つのノードを始点とし，ルート以外のノードを終点とするものに限定する．ルートは集線装置やホストコンピュータ，サーバなどに対応し，アーク容量は通信回線の容量に対応する．

> **(容量制約をもつ最小木問題 $CMST$)**　ルートを含むノード集合 N_0，デザイン費用 f およびアーク容量 C をもつアーク集合 A，ルートを始点，その他のノードを終点とする需要 d をもつ品種集合 K が与えられている．このとき，すべてのアーク上のフロー量がアーク容量 C 以下であり，デザイン費用が最小となる全域木を求めよ．

5.1 CMSTの定式化

ルートのノード番号を 0,ルートを除くノード集合を $N(=N_0\backslash\{0\})$ とする. N_0 に含まれるノードと N に含まれるノードの間に向きをもつアークが存在し,$A = N_0 \times N$ [*1)]とする.ノード i を終点とする品種の需要を d_i,ルートの需要を $d_0\,(=0)$ とし,品種集合 K をノード集合 N_0 に対応させる.アーク (i,j) のデザイン費用を f_{ij} [*2)]とし,デザイン変数を y_{ij},アーク (i,j) 上のフロー量を表すアークフロー変数を x_{ij} とする.このとき,CMST の定式化は次のようになる.

最小化 $\sum_{i \in N_0} \sum_{j \in N} f_{ij} y_{ij}$

条件
$$\sum_{i \in N_0} x_{in} - \sum_{j \in N} x_{nj} = d_n \quad \forall n \in N \quad (5.1)$$

$$\sum_{i \in N_0} y_{ij} = 1 \quad \forall j \in N \quad (5.2)$$

$$x_{ij} \leq C y_{ij} \quad \forall i \in N_0,\, j \in N \quad (5.3)$$

$$y_{ij} \in \{0,1\} \quad \forall i \in N_0,\, j \in N$$

目的関数はデザイン費用の総和であり,これを最小化する.(5.1) 式は,ノード n に入るフロー量と n から出るフロー量の差が,n の需要 d_n になることを表すフロー保存式である.(5.2) 式は,ルート以外のノードでは,ノードに入るアークは一本であることを表す.(5.3) 式は,アーク (i,j) が存在するときに,(i,j) を通るフロー量はアーク容量以下であることを表す容量制約式である.

ルート側からノード i に入るフロー量は C 以下であるため,ノード i から出るフロー量の最大値はアーク容量からノード i の需要 d_i を引いた量となる.このことから,(5.3) 式は次式で置き換えることができる.

$$x_{ij} \leq (C - d_i) y_{ij} \quad \forall i \in N_0,\, j \in N$$

[*1)] 単純グラフを対象とするので,自己ループ (i,i) は考慮しない.このため,厳密には $A = \{(i,j) | i \in N_0, j \in N\backslash\{i\}\}$ であるが,表記を簡略化するためにこのように定義する.

[*2)] 自己ループ (i,i) を排除するため,$f_{ii} = \infty\,(i \in N)$ とする.また,$i,\,j$ 間にアークが設置できない場合も $f_{ij} = \infty$ とする.

5.1 CMSTの定式化

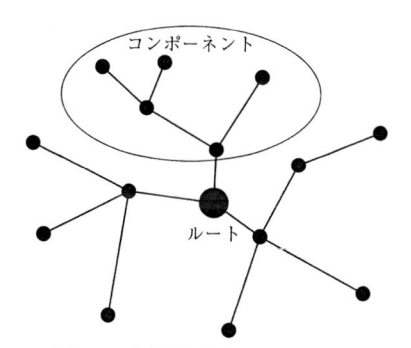

図 5.1 容量制約をもつ最小木問題

直接，ルートに接続するアークを全域木から取り除くと，全域木は**部分木** (subtree) に分割される．これらの部分木や，手順にしたがって構築中の連結成分を**コンポーネント** (component) とよぶ (図 5.1)．ルートとコンポーネント内のノードを接続するアーク上のフロー量は，そのコンポーネントに含まれるノードを終点とする需要の合計であり，コンポーネント内のすべてのアーク上のフロー量よりも多くなる．このため，コンポーネント内の需要の合計がアーク容量以下であれば，コンポーネント内のノード間およびルートとコンポーネント内のノードを接続するアークは容量制約を満足する．したがって，$CMST$ は，ノードの需要の合計がアーク容量以下となるようなコンポーネントに分割する問題とみなすことができる．

コンポーネントに分割できれば，各コンポーネント内のノード，およびルートとコンポーネント内のノードを接続する問題は最小木問題となる．このため，コンポーネントごとに最小木問題を解くことによって，容易に $CMST$ の解を求めることができる．

N の部分集合を $S(\subset N)$ とする．S に含まれるノードが一つのコンポーネントを構成すれば，コンポーネント内は木となることから $\sum_{i \in S} \sum_{j \in S} y_{ij} = |S| - 1$ となる．また，S 内の需要がアーク容量よりも多い場合には，S 内のノードは少なくとも $\lceil \sum_{i \in S} d_i / C \rceil$ 個のコンポーネントに分割され，S に含まれるアーク数の最大数は $|S| - \lceil \sum_{i \in S} d_i / C \rceil$ となる．したがって，次式は $CMST$ の妥当不等式となる．ここで，$\lceil \cdot \rceil$ は・以上の最小の整数を表す．

$$\sum_{i \in S}\sum_{j \in S} y_{ij} \leq |S| - \left\lceil \sum_{i \in S} d_i/C \right\rceil \quad \forall S \subset N \qquad (5.4)$$

この式は,巡回セールスマン問題 (traveling salesman problem)[58] の部分巡回路を除去する制約に対応するため,**部分巡回路除去制約** (subtour elimination constraint) とよばれる.

この制約を用いると,フロー変数を用いない次のような定式化を行うことができる.

最小化 $\sum_{i \in N_0}\sum_{j \in N} f_{ij} y_{ij}$

条件 $\sum_{i \in N_0} y_{in} + \sum_{j \in N} y_{nj} \geq 1 \qquad \forall n \in N \qquad (5.5)$

$\sum_{i \in N_0}\sum_{j \in N} y_{ij} = |N_0| - 1 \qquad (5.6)$

$\sum_{i \in S}\sum_{j \in S} y_{ij} \leq |S| - \left\lceil \sum_{i \in S} d_i/C \right\rceil \quad \forall S \subset N$

$y_{ij} \in \{0, 1\} \qquad \forall i \in N_0, j \in N$

(5.5) 式は,ルート以外のノードに接続するアークは一本以上であることを表す.(5.6) 式は,アークの総数が $|N_0| - 1$ 本であることを表す.

ビンの容量,ビンに詰める要素の集合,および各要素の大きさが与えられたとき,ビンの数が最小となるような詰め方を求める問題を**ビンパッキング問題** (bin packing problem) とよび,この問題を解いて得られる最小のビン数を最適ビン数とよぶ.

ビンパッキング問題の要素集合をノード集合 S,ビンの容量をアーク容量 C,要素 $i(\in S)$ の大きさを需要 d_i に対応させ,ノード集合 S に対する最適ビン数を b_S とおく.ビンパッキング問題の考えから,S に含まれるノードは b_S 個未満のコンポーネント (ビン) には分割できない.そのため,S 内には高々 $|S| - b_S$ 本のアークしか存在しないため,次式は妥当不等式[28]となる.

$$\sum_{i \in S}\sum_{j \in S} y_{ij} \leq |S| - b_S \quad \forall S \subset N$$

この制約を**ビンパッキング制約** (bin packing constraint) とよぶ.この制約はビンパッキング問題を解くことによって求めることができる.ビンパッキング

問題自体は $\mathcal{NP}$ 困難 ($\mathcal{NP}$-hard) であるが，対象とするビンパッキング問題の要素数は比較的少ないため，**動的計画法** (dynamic programming) によって厳密に解くことができる．

一方，アークは最大でも C の需要しか処理できないので，ルートに接続するアークは少なくとも $\lceil \sum_{i \in N} d_i/C \rceil$ 本は必要となる．このため，

$$\sum_{i \in N} y_{0i} \geq \left\lceil \sum_{i \in N} d_i/C \right\rceil$$

が成り立ち，この式はルートの**次数制約** (degree constraint) とよばれる．

5.2 CMSTの計算複雑性

計算複雑性の面において，$CMST$ が $\mathcal{NP}$ 完全であることを示す．はじめに，次のような $CMST$ の決定問題を定義する．

> (**$CMST$の決定問題**)　　ルートを含むノード集合 N_0，デザイン費用 f およびアーク容量 C をもつアーク集合 A，ルートを始点，その他のノードを終点とする 1 である需要が与えられている．このとき，すべてのアーク上のフロー量がアーク容量 C 以下であり，デザイン費用の合計が D 以下である全域木が存在するか．

$CMST$ の決定問題が $\mathcal{NP}$ であることは自明である．また，**充足可能性問題** (satisfiability problem) は $\mathcal{NP}$ 完全である[75]ことが示されている．そこで，任意の充足可能性問題の問題例が $CMST$ の決定問題の問題例に多項式時間で変換できる[74]ことを示す．

充足可能性問題のブール式を B とし，B のリテラルの数を n，節の数を m，i 番目のリテラルを X_i，j 番目の節を L_j とし，$C = n+m$，$D = 2n+3m$ とする．

ブール式 B から，以下のようなグラフ G を作成する．B のリテラル $X_i (i = 1, \cdots, n)$ に対応させて，グラフ G 上に二つのノード $X_i, \bar{X}_i$ を作り，(X_i, X_{i+1})，$(X_i, \bar{X}_{i+1})$，$(\bar{X}_i, X_{i+1})$，$(\bar{X}_i, \bar{X}_{i+1}) (i = 1, \cdots, n-1)$ 間をデザイン費用 1 の

アークで接続する．さらに，(ルート，X_1)，(ルート，$\bar{X}_1$) 間をデザイン費用1のアークで接続する．節 $L_j(j=1,\cdots,m)$ に対応させて，二つのノード L_j と d_j を作る．$d_2,\cdots,d_m$ は d_1 と，d_1 は X_n, $\bar{X}_n$ とデザイン費用1のアークで接続する．さらに，節 L_j に含まれるリテラルに対応して，L_j を X_i または $\bar{X}_i$ とデザイン費用2のアークで接続する．これら以外のアークのデザイン費用を ∞ とする．図 5.2 に $B = (X_1 \vee X_2) \wedge (\bar{X}_1 \vee X_2 \vee X_3) \wedge (\bar{X}_2 \vee \bar{X}_3)$ に対するグラフを示す．

グラフ G は $2n+2m+1$ 個のノードをもつので，最小木に含まれるアーク数は $2n+2m$ 本である．$L_1,\cdots,L_m$ には費用2のアークのみが接続するため，最小木には少なくとも m 本の費用2のアークが含まれ，これらの費用は少なくとも $2m$ となる．費用2のアークを m 本は含むので，$D = 2n+3m$ より，残りのデザイン費用は $2n+m$ 以下となる．アーク数は全部で $2n+2m$ 本であるので，残りのアーク数は $2n+m$ となる．したがって，残りはすべて費用1の $2n+m$ 本のアークでなければならない．なお，このときデザイン費用の合計は D となるため，デザイン費用の合計が D 未満の解は存在しない．

一方，需要の合計は $2n+2m$，アーク容量は $n+m$ であり，ルートに接続するアーク数は二本である．このため，二つのコンポーネントが必要となり，各コンポーネントに含まれる需要はちょうど $n+m$ となる．$d_1,\cdots,d_m$ は d_1 のみに接続しているため，必ず同一のコンポーネントに含まれる．このコンポーネントを q とすると，q の残りの需要は n となる．費用2のアークは全体で

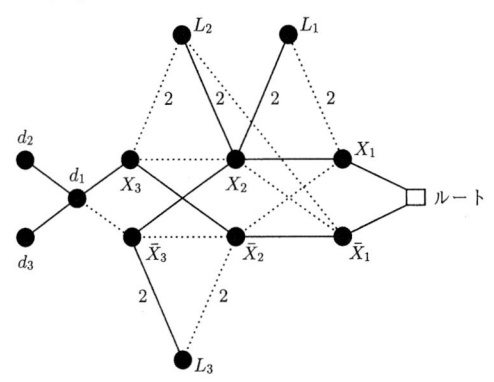

図 5.2 $CMST$ と充足可能性問題の問題例

m 本しか選べず，q に L_j を一つでも含むと費用 2 のアークが m 本を超えるため，L_j は q に含まれない．したがって，q に含まれる残りのノードは X_i または $\bar{X}_i (i = 1, \cdots, n)$ のいずれかとなり，ルートと d_1 間は一本のパス p で結ばれる．他方のコンポーネントに含まれるノードは，p に含まれない X_i か $\bar{X}_i (i = 1, \cdots, n)$ と $L_1, \cdots, L_m$ になり，$L_1, \cdots, L_m$ はその成分のリテラルに対応する一つのノードに接続する．

パス p 上にあるノード X_i または $\bar{X}_i$ に対応するリテラルに偽，そうでないリテラルに真を割り当てる．このとき，$L_1, \cdots, L_m$ は，真の値をもつリテラルに対応するノードに接続する．したがって，ブール式 B の各節はこの割当によって，真の値をもつリテラルを含むことになり，そのとき B は充足される．

図 5.2 において，充足可能性問題の解は $X_1 = X_2 = $ 真，$X_3 = $ 偽 であり，対応する最小木は実線となる．

●5.3● 近似解法 ●

$CMST$ に対しては，適当な基準によりアークを加えていく構築法，加えるアークに制限をつける 2 次オーダー貪欲法，広範囲の探索を可能にした局所探索法やタブー探索法など，様々な種類の近似解法が示されている．

5.3.1 構築法

構築法 (construction algorithm) は，コンポーネント内の需要合計がアーク容量を超えないという条件のもとで，実行可能になるまで順々にアークを加え，ネットワークを構築していく貪欲法である．

a. 修正 Kruskal 法と修正 Prim 法

容量制約を緩和した問題は，最小木問題になる．そこで，最小木問題の解法である Kruskal 法や Prim 法にコンポーネントに含まれる需要の合計がアーク容量を超えないような手順を付加すれば，$CMST$ の近似解を求めることができる．

Kruskal 法と同様に，デザイン費用の安い順にアークを加えていく．このとき，各コンポーネントに含まれるノードの需要の合計がアーク容量以下でかつ閉

路を含まないようにする．もし，アークを加えたときに，コンポーネントに含まれるノードの需要の合計がアーク容量を超えれば，このアークの代わりに，ルートとコンポーネントに含まれるノードを結ぶアークの中でデザイン費用が最小のアークを加え，このコンポーネントを構築の対象からはずす．このような方法を**修正 Kruskal 法** (modified Kruskal's algorithm)[10] とよぶ．修正 Kruskal 法の計算量は，Kruskal 法と同様の $O(|A|\log|N|)$ である．

Prim 法を改良しても近似解を求めることができる．Prim 法を用いて，ルートを始点とした最小木を形成していく．その際に，構築されていくコンポーネントに含まれるノードの需要の合計がアーク容量を超える場合には，そのアークは加えないものとする．このような方法を**修正 Prim 法** (modified Prim's algorithm)[10] とよぶ．修正 Prim 法の計算量は，Prim 法と同様の $O(|A|\log|N|)$ である．

b. スイープ法

運搬経路問題 (vehicle routing problem)[58] に対する**スイープ法** (sweep algorithm)[80] の考えを用いると，ノードを実行可能なコンポーネントに分割できる．スイープ法は，ルートを中心とした平面において，ルートとなす角度によってノード集合を分割する方法である．

はじめにルートとの角度順にノードをソートする．続いて，この順にしたがってアーク容量を超えない範囲で扇状にノードをコンポーネントに分割する．その後，各コンポーネントに含まれるノードとルートに対する最小木を求め，全域木を構成する．スイープ法の計算量は，$O(|N|\log|N|)$ である．

c. Esau–Williams 法

Esau–Williams 法 (Esau–Williams algorithm)[25] は，トレードオフ基準値を用いて，アークを順々に加えてコンポーネントを構築していく解法である．

ノード i を含むコンポーネントに含まれるノード集合を T_i とする．ルートと T_i 内のノードを結ぶアークの中で最小のデザイン費用をノード i の重み w_i，すなわち $w_i = \min\{f_{0j}|j \in T_i\}$ とする．

アーク (i,j) を加えるときの基準値 t_{ij} をデザイン費用と重み w_i の差とし，$t_{ij} = f_{ij} - w_i$ とする．この t_{ij} の小さい順にアークの付加を検討していく．t_{ij} は，ノード i, j 間の接続と，ルートと T_i 間の接続とのトレードオフ関係を表

す．この基準値が小さい (負である) ことは，ノード i を j へ接続する方が，i を T_i に含まれるノードを経由してルートと接続するよりも費用が安いことを意味する．

はじめに，各ノードをそれぞれコンポーネントとする．アークを加える際には，コンポーネントに含まれるノードの需要の合計がアーク容量を超えず，かつ閉路を含まないようにする．アークを加えると二つのコンポーネントが連結され，w_i が変化するので，w_i と t_{ij} を更新する．加えるアークがなくなれば，各コンポーネントに対して，ルートとコンポーネントに含まれるノード間のアークの中で，最小デザイン費用をもつアークを加える．Esau–Williams 法の計算量は，$O(|N|^2 \log |N|)$ である．

d. 統一アルゴリズム

Esau–Williams 法における重みとその更新方法を一般化することによって，従来のいくつかの手法を統一的に表現した**統一アルゴリズム** (unified algorithm)[56] が示されている．

次のように，ノード i の重み w_i を定義する．

$$w_i = \alpha\{\beta f_{0i} + (1-\beta)f_{ij}\} \quad \forall i \in N$$

ここで，j はノード i の最近隣接ノードなどであり，α と β は $\alpha \geq 0$, $0 \leq \beta \leq 1$ である定数である．

統一アルゴリズムにおいて，修正 Krauskal 法は $\alpha = 0$, $w_i = 0 (i \in N)$ とした場合に対応する．Esau–Williams 法は，$\alpha = 1$, $\beta = 1$ とし，アーク (i,j) を加えたときに $w_i := w_j$ と更新したものとなる．修正 Prim 法は，重みの初期値を $w_0 := 0$, $w_j := -\infty \ (j \in N)$ とし，アーク (i,j) を加えたときに $w_j := 0$ と更新したものとなる．

e. パラレルセービング法

一般的な構築法では，各繰り返しにおいて一本のアークを選択し，二つのコンポーネントを連結する．これに対して，**パラレルセービング法** (parallel saving heuristic)[29,30] は，各コンポーネントを連結したときの費用の減少量を計算しておき，この減少量を重みとした**最大重みマッチング問題** (maximum weight matching problem) を解くことによって，同時に複数の (ルートを含む) コン

ポーネントを連結する方法である．ここで，マッチングとは互いに端点を共有しないアークの集合であり，最大重みマッチング問題は重みの合計が最大となるマッチングを求める問題である．

はじめに，各ノード(ルートを含む)をそれぞれコンポーネントとする．ある繰り返しにおいて，コンポーネント p とコンポーネント q を連結したときの費用の減少量をセービング値 s_{pq} とし，$p, q (p < q)$ に対して次のように定義する．

$$s_{pq} = \begin{cases} 0 & if\ p = 0 \\ f(T_p) + f(T_q) - f(T_p \cup T_q) & otherwise \end{cases}$$

ここで，T_p はコンポーネント p に含まれるノード集合，$f(T_p)$ は $T_p \cup \{0\}$ における最小木の費用である．また，$p = 0$ はルートを含むコンポーネントである．

各コンポーネントを一つのノードと見なし，$\sum_{i \in T_p} d_i + \sum_{i \in T_q} d_i \leq C$ を満たすすべての (p, q) について，重み s_{pq} をもつアーク (p, q) を設定し，これらのノードとアークで構成されるネットワークを作成する．このネットワークにおいて最大重みマッチング問題を解くと，減少量の合計が最大となる実行可能なコンポーネントの連結が得られ，これらのコンポーネントを連結する．全域木が得られるまで，この操作を繰り返す．

f. 巡回路分割法

アークの長さをデザイン費用としたネットワーク上で，巡回セールスマン問題の巡回路が求められているものとし，巡回路上のノードに巡回順に通し番号 $(1, 2, \cdots, |N|)$ をつけておく．巡回路上のノード1から順番に，需要の合計がアーク容量以下になるように巡回路を分断して，コンポーネントを形成する．ルートとコンポーネント内の巡回路上の最初のノードを接続すると実行可能な全域木が得られる．

さらに，巡回路上のはじめのノードをノード $2, 3, \cdots, |N|$ と変更して，それぞれに対して同様にコンポーネントに分割して実行可能解を求め，これらの中の最良解を求める．このような方法を **Q 反復巡回路分割法** (Q iterated tour partitioning algorithm)[5] とよぶ．Q 反復巡回路分割法の計算量は，$O(|N|^2)$ である．

一方，次のような長さ e_{ij} のアーク $(i, j)(\in A)$ をもつネットワーク上で，始

点をノード 0, 終点をノード $|N|$ とした最短路問題を作成する.

$$e_{ij} = \begin{cases} f_{0,i+1} + \sum_{l=i+1}^{j-1} f_{l,l+1} & if \ \sum_{l=i+1}^{j} d_i \leq C \ and \ i < j \\ \infty & otherwise \end{cases} \quad \forall (i,j) \in A$$

このとき,ノード 0 から $|N|$ までの最短路は,アーク容量を満足する最小費用の巡回路の分割を形成する.アーク (i,j) が最短路に含まれる場合,ノード $(i+1,\cdots,j)$ が一つのコンポーネントを構成する.この方法によって,巡回路をコンポーネントに分割する方法を**最適巡回路分割法** (optimal tour partitioning algorithm)[5] とよぶ.最適巡回路分割法の計算量は, $O(|N|^2)$ である.

すべての品種の需要が同一である問題に対して,最小木法や最近挿入法などの多項式オーダーかつ最適値の 2 倍以内の巡回路が求められる方法[61] を用いて巡回セールスマン問題の巡回路を求めておく.Q 反復巡回路分割法によって得られた解の目的関数値を ϕ_e^Q とし,$CMST$ の最適値を $\hat{\phi}_e$ とする.このとき,

$$\phi_e^Q / \hat{\phi}_e \leq 3 - 2/C$$

が成り立つ.

一方,品種の需要が異なる一般的な問題において,最適巡回路分割法によって得られた解の目的関数値を ϕ^O とし,$CMST$ の最適値を $\hat{\phi}$ とする.このとき,

$$\phi^O / \hat{\phi} \leq 4 - 4/C$$

が成り立つ.これらは,$CMST$ の最適値の定数倍の解を求める多項式オーダーの解法が存在することを意味する.

5.3.2 2 次オーダー貪欲法

これまで示した解法は,アークを順番に選択してネットワークに加え,すでにネットワークに加えたアークの変更は行わない貪欲法である.容量制約をもつ最小木問題では,このような貪欲法を **1 次オーダー貪欲法** (first order greedy algorithm;$FOGA$) とよぶ.一方,$FOGA$ の解を初期解とし,適当な条件を加えて $FOGA$ を繰り返し,近似解を求める方法を **2 次オーダー貪欲法** (second order greedy algorithm;$SOGA$) とよぶ.

a. 禁止アルゴリズム

$FOGA$ では，アークを加えて二つのコンポーネントの連結を繰り返す．そこで，$FOGA$ でコンポーネントを連結した繰り返し回に，その二つのコンポーネントの連結を禁止するという条件をつけて，再度 $FOGA$ を行う．このような禁止条件を付けると，$FOGA$ で求められた解とは異なる解が生成され，解を改善できる可能性がある．

このように特定の繰り返し回に特定のコンポーネント間の連結を禁止する条件を付けて $FOGA$ を行う方法を**禁止アルゴリズム** (inhibit algorithm)[44] とよぶ．$|N|-1$ 種類の禁止方法が設定できるため，$|N|-1$ 個の近似解が生成され，これらの最良の解を採用する．

b. 結合アルゴリズム

ノード i から最も近い (デザイン費用の安い) ノードを i_1 とする．すべてのノード $i(\in N)$ に対して，$FOGA$ で求めた木にアーク (i,i_1) が含まれていなければ，このアークを木に含むという条件を加えて $FOGA$ を行う．さらに，ノード i よりもルートに近いノードの中で i に最も近いノードを i_2 とする．$FOGA$ で求めた木にアーク (i,i_2) が含まれていなければ，このアークを木に含むという条件を加えて $FOGA$ を行う．得られた解の中で，最良の解を採用する．このような方法を**結合アルゴリズム** (join algorithm)[44] とよぶ．

c. Kershenbaum–Boorstyn–Oppenhein の方法

経験的に，$CMST$ の最適解に含まれるアークの大半は，最小木にも含まれていることがわかっている．そこで，最小木に含まれているが，$FOGA$ で求めた $CMST$ の木に含まれていないいくつかのアークを含めるという条件のもとで $FOGA$ を行えば[55]，解を改善できる可能性がある．

最小木に含まれているが $FOGA$ の解に含まれていないアークの集合を A_1 とし，A_1 の部分集合を A_2 とする．A_2 に含まれるアークを木に含み，$A_1 \setminus A_2$ に含まれるアークを木に含まないという条件をつけて，$FOGA$ を行う．A_2 を $|A_2| \leq 2$ であるものに制限すれば，計算量は $O(|N|^3 \log |N|)$ となる．

5.3.3 局所探索法

局所探索法 (local search algorithm；A.13 節参照) は，実行可能解に対し

て近傍探索 (neighborhood search) を行い，解の改善を繰り返す方法である．$CSMT$ に対して，近傍の定義の違いにより，いくつかの局所探索法が示されている．

a. 基本的な近傍

$CMST$ の基本的な近傍としては，次の三つが考えられる．

a) ノード移動： あるノードに対して，現在，このノードが含まれているコンポーネントから別のコンポーネントに移動する．

b) ノード交換： 異なるコンポーネントに含まれるノード対に対して，これらのノードを交換する．

c) 部分木移動： あるノードに対して，ルート側に接続しているアークを除去してできる部分木を他のコンポーネント内のノードまたはルートに接続する．

$CMST$ には容量制約があるため，この制約を満たす近傍が探索の対象となる．しかし，容量制約によって近傍が大きく制限されるため，これらの基本的な近傍探索だけでは，局所探索法が有効に機能しない場合が多い．このため，これらの近傍はタブー探索法などの**メタヒューリスティクス** (meta heuristics) との組合せで使われる．

コンポーネント数を L とすると，ノード移動による近傍数は $O(L|N|)$，ノード交換と部分木移動による近傍数は $O(|N|^2)$ である．これらの移動・交換後に，コンポーネントごとに最小木問題を解けば，移動・交換による目的関数値の変化量を厳密に評価することができる．

b. マルチ交換近傍

複数のコンポーネント間で，ノードや部分木を同時に移動する近傍を**マルチ交換近傍** (multi-exchange neighborhood)[3,4] とよぶ．この近傍は，各コンポーネントに含まれるノードや部分木を順々に隣接するコンポーネントに移動するものである．この移動をいくつかのコンポーネント間の移動に限るものを**パス交換近傍** (path exchange neighborhood)，すべてのコンポーネントに対して循環的に行うものを**サイクル交換近傍** (cycle exchange neighborhood) とよぶ．これらの交換近傍には，ノード移動と部分木移動が混在する．

図 5.3 にノードのパス交換近傍の例を示す．図 5.3(a) は現在の解，白丸は隣

図 5.3 ノードのパス交換近傍

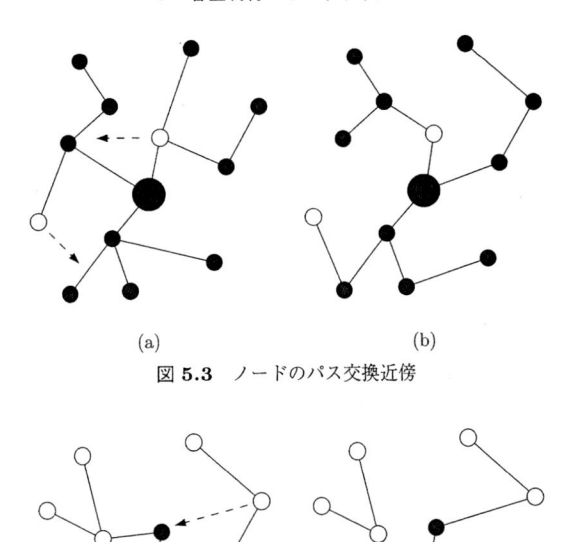

図 5.4 部分木のサイクル交換近傍

接するコンポーネントに移動するノードであり，図 5.3(b) は交換後の解である．図 5.4 に部分木のサイクル交換近傍の例を示す．図 5.4(a) は現在の解，白丸は隣接するコンポーネントに移動する部分木であり，図 5.4(b) は交換後の解である．

マルチ交換による近傍探索は広範囲におよぶため，よりよい解を探索することが可能である．しかし，これらの近傍に含まれる解の数は $O(|N|^L(L-1)!)$ と膨大な数となり，すべての近傍を探索することは効率的ではない．このため，改善できる可能性のある近傍解を効率的に探索することが必要となる．ここでは，ノードのサイクル交換近傍による探索法を示す．

容量制約を満足する全域木を T, T においてノード i を含むコンポーネントを T_i とする．ノード $i_1, i_2, \cdots, i_r$ がそれぞれ異なるコンポーネントに含まれる

とき，これらのノードのサイクル交換を $(i_1, i_2, \cdots, i_r)$ と表す．このサイクル交換は，ノード i_1 を T_{i_1} から T_{i_2} へ移動し，i_2 を T_{i_2} から T_{i_3} へ移動し，$\cdots$，i_r を T_{i_r} から T_{i_1} へ移動することを表す．

T とサイクル交換後の木 T' のデザイン費用の変化量は次式で得られる．

$$F(T') - F(T) = \sum_{p=1}^{r} [f(T_{i_p} \cup \{i_{p-1}\} \setminus \{i_p\}) - f(T_{i_p})] \tag{5.7}$$

ここで，$i_0 = i_r$ とし，$F(T)$ は木 T のデザイン費用，$f(T_{i_p})$ は $T_{i_p} \cup \{0\}$ における最小木のデザイン費用である．

ネットワーク $G(N_0, A)$ のノードと1対1に対応するノードからなるグラフ G' を考える．T_i から取り除き T_j に移動するノード i と，T_j から取り除くノード j の組合せに対応する向きのあるアークを (i, j) とする．$T_i \neq T_j$ かつ $T_j \cup \{i\} \setminus \{j\}$ が容量制約を満たすときに限り，G' 上にアーク (i, j) を作る．また，アーク (i, j) の費用 a_{ij} を次のように定義する．

$$a_{ij} = f(T_j \cup \{i\} \setminus \{j\}) - f(T_j)$$

a_{ij} は，ノード i を T_j へ移動し，ノード j を T_j から取り除いたときの $T_j \cup \{0\}$ における最小木の費用の変化量を表している．このとき，閉路 $(i_1, i_2, \cdots, i_r, i_1)$ に含まれるデザイン費用は，

$$\sum_{p=1}^{r} a_{i_{p-1} i_p} = \sum_{p=1}^{r} [f(T_{i_p} \cup \{i_{p-1}\} \setminus \{i_p\}) - f(T_{i_p})] = F(T') - F(T)$$

となり，(5.7) 式に一致する．

以上のことから，G' において費用の合計が負となる閉路を見つけ，この負閉路に対応するサイクル交換を行えば費用が減少する．サイクル交換では，$a_{ij} (i, j \in N)$，すなわち $f(T_i \cup \{i\} \setminus \{j\})$ と $f(T_j)$ を計算する必要があり，これらの計算量は $O(|N|^2)$ となる．さらに，デザイン費用の合計が負となる閉路を見つけることが必要となる．この問題は，負閉路をもつ最短路問題に帰着でき，ラベル修正法などを用いて見つけることができる．

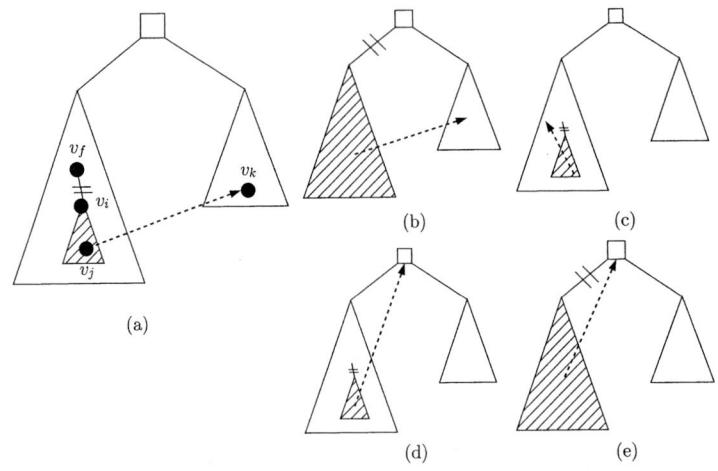

図 5.5 タブー探索における近傍[79]

5.3.4 タブー探索法

タブー探索法 (tabu search algorithm；A.15 節参照) は，**短期メモリ** (short-term memory) などを使って近傍探索の領域を制限することによって，局所解から脱出し，広範囲の探索を可能にするメタヒューリスティクスである．

$CMST$ に対してもタブー探索法[79]が示されている．近傍探索として，次の5つを対象とする．

a) 部分木を別のコンポーネントへ移動する．(図 5.5(a))
b) コンポーネントを別のコンポーネントへ移動する．(図 5.5(b))
c) 部分木をコンポーネント内の他の部分へ移動する．(図 5.5(c))
d) 部分木をルートに接続し，コンポーネントとする．(図 5.5(d))
e) コンポーネント内で，ルートに接続するノードを変更する．(図 5.5(e))

a), c), e) ではコンポーネント数は変化しないが，b) ではコンポーネント数が1だけ減少，d) では1だけ増加する．

現在の解の近傍を (v_i, v_j, v_k) の組で表す．図 5.5(a) に示すように，v_i は移動する部分木のルート，v_j は移動後に部分木のルートになるノード，v_k は移動先で部分木のルートに接続するノードである．また，v_f は v_i の親ノードである．近傍探索では，アーク (v_f, v_i) を取り除き，アーク (v_k, v_j) を加えることにな

る．取り除いたアークを一定期間，短期メモリに記憶する．現在の上界値を更新しない限り，短期メモリに記憶されているアークの削除を禁止する．

容量制約があるため，近傍解が容量制約を満たさないことが多い．そこで，容量制約を満たさない実行不可能である近傍解も探索する．コンポーネント p の需要合計を D_p，アーク容量を C としたとき，p の需要の超過分は $\max(0, D_p - C)$ となる．デザイン費用の合計を z とし，需要の超過分をペナルティとして費用に含めた評価値 $\tilde{z}$ を

$$\tilde{z} = z + \alpha \sum \max(0, D_p - C)$$

とする．ここで，$\alpha(> 0)$ はペナルティパラメータである．このように実行不可能解への移動を容認することによって，実行可能解 → 実行不可能解 → 実行可能解のような移動も可能になる．

タブー探索法

[ステップ1] パラメータを $\alpha(> 0)$，α の変更周期を l_{cyc}，繰返し回数を $r|N|$ とし，$s := 0$，$l := 0$ とする．$CMST$ の適当な実行可能解を求め，このデザイン費用の合計を上界値 UB とする．短期メモリを初期化する．

[ステップ2] すべての近傍 (v_i, v_j, v_k) に対して，その近傍解のデザイン費用 z_{ijk} とペナルティを含めたデザイン費用 $\tilde{z}_{ijk}$ を求める．

  (a) $\min_{i,j,k} z_{ijk} < UB$ ならば，$s := 0$ とし，短期メモリに関係なく z_{ijk} が最小である近傍 $(v_{i^*}, v_{j^*}, v_{k^*})$ に移動する．$UB := z_{i^* j^* k^*}$ とする．

  (b) $\min_{i,j,k} z_{ijk} \geq UB$ ならば，$s := s+1$ とし，短期メモリにより禁止されていない近傍の中で $\tilde{z}_{ijk}$ が最小である近傍 $(v_{i^*}, v_{j^*}, v_{k^*})$ に移動する．

  (v_{f^*}, v_{i^*}) を一定期間，短期メモリに記憶する．$l := l+1$ とする．

[ステップ3] $s = r|N|$ であれば，Prim 法を用いて費用が UB である木をコンポーネントごとに最適化し，終了する．

[ステップ4] $l \bmod l_{cyc} \neq 0$ ならステップ2へ戻る．最後の l_{cyc} 回がす

べて実行可能解なら $\alpha := \alpha/2$, 実行不可能解なら $\alpha := 2\alpha$ とする. ステップ2へ戻る.

ステップ4において, 実行可能解が続けば, α を小さくすることによってペナルティの重みを小さくし, 実行不可能解への移動を容易にしている. また, 実行不可能解が続けば, α を大きくすることによって, 実行不可能解の移動を制限している.

5.4 緩和法と妥当不等式

$CMST$ に対して, 強い有効な妥当不等式を作成し, これらを Lagrange 緩和法や分枝限定法に組み込んで近似解を求める解法が示されている.

5.4.1 容量制約緩和法

$CMST$ の決定問題は $\mathcal{NP}$ 完全であるため, $CMST$ の厳密解を求める方法として分枝限定法などが用いられる. そのためには, 緩和問題と下界値が必要となる. 最も基本的な緩和問題は, 容量制約条件そのものを取り除く**容量制約緩和** (capacity constraint relaxation) 問題である. この緩和問題は最小木問題となるため, 容易に $CMST$ の下界値を求めることができる.

$CMST$ の最適な木を CT, 容量制約緩和問題の最小木を RT とする. このとき, 次の二つの性質が成り立つ[14].
 a) アーク $(0, i)$ が RT に含まれていれば, このアークは CT に含まれる.
 b) アーク (i, j) が RT に含まれ, かつノード i と j が CT の同じコンポーネントに含まれれば, アーク (i, j) は CT に含まれる.

この性質を用いると, 分枝限定法において効率的に分枝・限定操作を行うことができる.

5.4.2 Lagrange 緩和法

Lagrange 緩和問題を解き, 乗数を更新し, 得られた緩和解をもとに近似解を生成する方法を Lagrange 緩和法とよぶ. ここではビンパッキング制約に対す

る Lagrange 緩和法を解説する.

a. Lagrange 緩和問題

はじめに,ビンパッキング制約とルートの次数制約を含む定式化を示しておく.

最小化 $\sum_{i \in N_0} \sum_{j \in N} f_{ij} y_{ij}$

条件

$$\sum_{i \in N_0} y_{in} + \sum_{j \in N} y_{nj} \geq 1 \quad \forall n \in N \tag{5.8}$$

$$\sum_{i \in N_0} \sum_{j \in N} y_{ij} = |N_0| - 1 \tag{5.9}$$

$$\sum_{i \in S} \sum_{j \in S} y_{ij} \leq |S| - b_S \quad \forall S \subset N,\ |S| \geq 2 \tag{5.10}$$

$$\sum_{i \in N} y_{0i} \geq \left\lceil \sum_{i \in N} d_i / C \right\rceil \tag{5.11}$$

$$y_{ij} \in \{0, 1\} \quad \forall i \in N_0,\ j \in N \tag{5.12}$$

ビンパッキング制約の数は非常に多いために,あらかじめすべてを列挙しておくことは得策ではない.そこで,(5.10) 式を取り除いた緩和問題からはじめ,その緩和解を満足しないビンパッキング制約を生成し,逐次,追加していくことを考える.

ルートの次数制約式である (5.11) 式があるために,ビンパッキング制約を緩和した問題は,ルートの**次数制約**をもつ**最小木問題** (degree constrained minimum spanning tree problem) となる.この問題は,Gabow–Tarjan のアルゴリズム[26]を用いて $O(|N|^2)$ で解くことができる.

緩和問題を解いて得られた解が実行可能解でないとき,次のように緩和解が満足していないビンパッキング制約を生成する.

緩和解の木に含まれるすべてのアーク (i, j) について,次の操作を行う.

a) このアークを取り除いたときに分離される部分木内のノードの集合を S とし,S 内の需要の合計が容量 C を超えるか否かを調べる.

b) 需要の合計が C を超え,まだ S に対するビンパッキング制約が生成されていなければ,ビンパッキング問題を解いて b_S を求め,ビンパッキング制約を生成し,追加する.

すでに追加したビンパッキング制約に対応するノード集合 S の集合を Ω とする.これらのビンパッキング制約に対して,非負の乗数 $v(\geq \boldsymbol{0})$ を用いて

Lagrange 緩和した次のような問題 LG を作成する．

$$\text{最小化} \quad \left\{\sum_{i\in N_0}\sum_{j\in N} f_{ij} + \sum_{S\in\Omega}\sum_{i\in S}\sum_{j\in S} v_S\right\} y_{ij}$$
$$- \sum_{S\in\Omega} v_S(|S|-b_S)$$

条件 (5.8), (5.9), (5.11) and (5.12)

適当な Lagrange 乗数 v が与えられたとき，LG は次数制約をもつ最小木問題となるので容易に最適に解くことができ，$CMST$ の下界値を求めることができる．

b. Lagrange 乗数調整法

現在，Ω に含まれている S に対する Lagrange 乗数を $\tilde{v}_S$ に固定する．LG の最適解を $\hat{y}$，その木を T_s とする．T_s において，ビンパッキング制約を満たさないノード集合の一つを S' とし，S' に対するビンパッキング制約を生成し，Lagrange 緩和する．

$$\text{最小化} \quad \left\{\sum_{i\in N_0}\sum_{j\in N} f_{ij} + \sum_{S\in\Omega}\sum_{i\in S}\sum_{j\in S} \tilde{v}_S\right\} y_{ij}$$
$$- \sum_{S\in\Omega} \tilde{v}_S(|S|-b_S)$$
$$+ v_{S'}\left\{\sum_{i\in S'}\sum_{j\in S'} y_{ij} - (|S'|-L_{S'})\right\} \quad (5.13)$$

$\sum_{i\in S'}\sum_{j\in S'} \hat{y}_{ij} - (|S'|-L_{S'}) > 0$ であるので，$v_{S'}$ を適切な正の値に設定できれば，$CMST$ の下界値である LG の最適値を増加することができる．しかし，$v_{S'}$ に正の値を与えると，y の係数が変化し，最小木が変化する可能性があるため，必ずしも下界値が増加する保証はない．しかし，現在の最小木 T_s が常に LG の最適解に含まれる範囲内で $v_{S'}$ を適切に設定すれば，下界値は増加する．

$v_{S'}$ の値を 0 から増加させると，S' に含まれるアークのデザイン変数の係数が一律に $v_{S'}$ だけ増加し，いずれ最小木 T_s からはずれ，他のアークが最小木に入る．このとき，はじめて T_s からはずれるアークは，S' に含まれるアークの中で係数が最大のアークである．一方，最小木に入るアークは，カットセット $(N_0\backslash S', S')$ に含まれるアークの中で係数が最小のアークである．したがって，

$$v_{S'} = \min_{\{(i,j)|i\in N_0\setminus S', j\in S'\}}\left\{f_{ij} + \sum_{S\in\Omega_{ij}}\tilde{v}_S\right\} - \max_{\{(i,j)|i\in S', j\in S'\}}\left\{f_{ij} + \sum_{S\in\Omega_{ij}}\tilde{v}_S\right\}$$

とすれば，最小木は変化しない．ここで，Ω_{ij} は Ω の中でノード i, j をともに含む集合である．このとき，下界値は，$v_{S'}\{\sum_{i\in S'}\sum_{j\in S'}\hat{y}_{ij} - (|S'| - L_{S'})\}$ だけ増加する．

このように，効率的に Lagrange 乗数を設定する方法を **Lagrange 乗数調整法** (Lagrangian multiplier adjustment algorithm) とよぶ．一つの乗数に対する計算量は $O(|N|^2)$ である．

これまで示したように，緩和問題を解き，満足しないビンパッキング制約を生成して Lagrange 緩和し，乗数を設定するという一連の操作を繰り返すことによって，下界値を上昇させることができる．一定個数の乗数の設定を行った後に，劣勾配法を用いて全体的に Lagrange 乗数を調整すれば，よりよい下界値を求めることができる．

c. Lagrange ヒューリスティック

Lagrange 緩和問題に対して Lagrange 乗数調整法や劣勾配法を用いると，その繰り返しごとに緩和解である最小木が得られる．しかし，容量制約やビンパッキング制約を緩和しているため，これらの最小木は実行可能解になるとは限らない．Lagrange ヒューリスティックは，緩和解の最小木を改良して実行可能解を求める方法である．

Lagrange ヒューリスティック

[ステップ 1] 容量制約を満足しないコンポーネントに含まれるすべてのアーク (i,j) に対して，以下を満たす中でデザイン費用が最小であるアーク (k,l) を見つける．

　(a) 緩和解に含まれていない．

　(b) アーク (i,j) を取り除き，アーク (k,l) を加えたときに，コンポーネントが容量制約を満たす．

[ステップ 2] デザイン費用の増加量 $f_{kl} - f_{ij}$ が最小となる (i^*, j^*) と (k^*, l^*) の組合せを選び，ネットワークからアーク (i^*, j^*) を取り除き，アーク (k^*, l^*) を加える．

> [ステップ3] 実行可能解が得られれば終了する．そうでなければ，ステップ1へ戻る．

この Lagrange ヒューリスティックの計算量は，$O(|N|^3)$ となる．

5.4.3 Malik–Yu の妥当不等式

N の部分集合 S に関するいくつかの妥当不等式[66]とその Lagrange 緩和問題を示す．

S には少なくとも $\lceil \sum_{i \in S} d_i / C \rceil$ 個のコンポーネントが存在することから，$N_0 \backslash S$ と S は少なくとも $\lceil \sum_{i \in S} d_i / C \rceil$ 本のアークで接続する必要があるため，次式は妥当不等式となる．

$$\sum_{i \in N_0 \backslash S} \sum_{j \in S} y_{ij} \geq \left\lceil \sum_{i \in S} d_i / C \right\rceil \quad \forall S \subset N \tag{5.14}$$

S が $\sum_{i \in S} d_i + \min_{i \in N \backslash S} d_i > C$ を満足するものとする．このとき，S 内のノードが連結して一つのコンポーネントを形成すれば，$\sum_{i \in S} \sum_{j \in S} y_{ij} = |S| - 1$ であり，ルートとこのコンポーネント内のノードを接続することが必要となる．一方，S 内のノードが S 内で非連結で二つ以上のコンポーネントに含まれる場合には，S 内のアーク数は高々 $|S| - 2$ 本，すなわち $\sum_{i \in S} \sum_{j \in S} y_{ij} \leq |S| - 2$ となる．したがって，次式は妥当不等式となる．

$$\sum_{i \in S} \sum_{j \in S} y_{ij} \leq |S| - 2 + \sum_{j \in S} y_{0j} \quad \forall S \subset N, \ \sum_{i \in S} d_i + \min_{i \in N \backslash S} d_i > C \tag{5.15}$$

S が前述の条件を満たすものとする．このとき，S 内のノードがすべて連結し，一つのコンポーネントを形成すれば，$\sum_{i \in S} \sum_{j \in S} y_{ij} = |S| - 1$ かつ $\sum_{i \in N \backslash S} \sum_{j \in S} y_{ij} = 0$ である．次に，S 内のノードが S 内で非連結で二つのコンポーネントに含まれる場合を考える．二本のアークを用いて，ある $N \backslash S$ 内のノードを S 内の二つのノードに接続すると，閉路が生じるか S 内の二つのコンポーネントが連結してしまう．このため，$N \backslash S$ 内の各ノードは S 内のノードと高々一本のアークでしか接続できない．したがって，$N \backslash S$ 内のノードが S

内のノードと接続できるアーク数は高々 $|N\backslash S| = |N| - |S|$ 本であり，

$$\sum_{i \in N\backslash S} \sum_{j \in S} y_{ij} \leq |N| - |S|$$

が成り立つ．同様に，S 内のノードが三つのコンポーネントに含まれるときは，$N\backslash S$ 内の各ノードは S 内のノードと高々二本のアークと接続するため，

$$\sum_{i \in N\backslash S} \sum_{j \in S} y_{ij} \leq 2(|N| - |S|) = \left(|S| - 1 - \sum_{i \in S} \sum_{j \in S} y_{ij}\right)(|N| - |S|)$$

が成り立つ．以上のことから，次式は妥当不等式となる．

$$\sum_{i \in N\backslash S} \sum_{j \in S} y_{ij} \leq \left(|S| - 1 - \sum_{i \in S} \sum_{j \in S} y_{ij}\right)(|N| - |S|)$$

$$\forall S \subset N, \quad \sum_{i \in N} d_i + \min_{i \in N\backslash S} d_i > C \quad (5.16)$$

ここで，$|S| - 1 - \sum_{i \in S} \sum_{j \in S} y_{ij}$ は「S 内のノードが含まれるコンポーネント数 -1」であることに注意する．

次数制約式である (5.14) 式に対する乗数を $v(\geq 0)$，S に対する部分巡回路除去制約式である (5.4) 式の Lagrange 乗数を $u(\geq 0)$，(5.15) 式に対する乗数を $t(\geq 0)$，(5.16) 式に対する乗数を $w(\geq 0)$ とおく．ここで，記述を簡単にするため，次の集合を定義する．

$$\Omega_1 = \{S \subset N\}$$
$$\Omega_2 = \left\{S \subset N, \sum_{i \in S} d_i + \min_{i \in N\backslash S} d_i > C\right\}$$
$$T = \{y \mid y \text{ は } G \text{ の全域木}\}$$

このとき，$CMST$ の Lagrange 緩和問題 LG は次のようになる．

$$\text{最小化}_{y \in T} \quad \sum_{i \in N_0} \sum_{j \in N} \bar{f}_{ij} y_{ij} + D(u, v, t, w)$$

ここで，

$$\bar{f}_{ij} = \begin{cases} f_{ij} - \sum_{\{S\in\Omega_1|j\in S\}} v_S - \sum_{\{S\in\Omega_2|j\in S\}} t_S & if\ i=0 \\ f_{ij} + \sum_{\{S\in\Omega_1|i\in S, j\in S\}} u_S - \sum_{\{S\in\Omega_1|i\in N_0\setminus S, j\in S\}} v_S \\ \quad + \sum_{\{S\in\Omega_2|i\in S, j\in S\}} \{t_S - (|N|-|S|)w_S\} \\ \quad + \sum_{\{S\in\Omega_2|i\in N\setminus S, j\in S\}} w_S & otherwise \end{cases}$$

$$D(\boldsymbol{u},\boldsymbol{v},\boldsymbol{t},\boldsymbol{w}) = -\sum_{S\in\Omega_1}\left\{\left(|S|-\left\lceil\sum_{i\in S}d_i/C\right\rceil\right)u_S - \left\lceil\sum_{i\in S}d_i/C\right\rceil v_S\right\}$$
$$\qquad -\sum_{S\in\Omega_2}\{(|S|-2)t_S + (|N|-|S|)(|S|-1)w_S\}$$

である.

Lagrange乗数が与えられたとき,この緩和問題は最小木問題となるため,容易に解くことができる.しかし,緩和する妥当不等式の数は非常に多いため,実際には,逐次,緩和解が満足しない妥当不等式を生成し,Lagrange緩和を行うことになる.Lagrange乗数は劣勾配法によって設定することができる.

5.4.4 マルチスター不等式とルートカットセット不等式

Nの部分集合をSとする.Sに含まれるすべてのノード間にアークが存在しない,すなわち$\sum_{i\in S}\sum_{j\in S}y_{ij}=0$である場合を考える.$S$に含まれるノード$j$に対して,$j$を含むコンポーネントに含まれる需要の合計はアーク容量C以下であるので,

$$\sum_{i\in N\setminus S} d_i(y_{ij}+y_{ji}) + d_j \leq C \quad \forall j \in S$$

が成り立つ.Sに含まれるノードについて和をとると,

$$\sum_{i\in N\setminus S}\sum_{j\in S} d_i(y_{ij}+y_{ji}) + \sum_{j\in S} d_j \leq C|S|$$

となる.

Sに含まれるノードp, qに対して,アーク(p,q)を加えてpとqを接続する.このとき,$y_{pq}=0$が$y_{pq}=1$になるので,Cy_{pq}の値は0からCに増加する.また,pとqが同一のコンポーネントに含まれることになるため,

$\sum_{i \in N \setminus S} d_i(y_{ip} + y_{pi}) + d_p + \sum_{i \in N \setminus S} d_i(y_{iq} + y_{qi}) + d_q$ のとりうる最大値は $2C$ から C になり,C だけ減少する.したがって,

$$Cy_{pq} + \sum_{i \in N \setminus S} \sum_{j \in S} d_i(y_{ij} + y_{ji}) + \sum_{j \in S} d_j \leq C|S|$$

が成り立つ.同様にすべての $y_{ij}(i, j \in S)$ についても成り立つので,次式は妥当不等式となる.

$$\sum_{i \in S} \sum_{j \in S} Cy_{ij} + \sum_{i \in N \setminus S} \sum_{j \in S} d_i(y_{ij} + y_{ji}) + \sum_{j \in S} d_j \leq C|S| \quad \forall S \subset N$$

一方,ノード j について,$|U_p^j| = p$ であり,$U_p^j = \{i \in N_0 | d_i > (C - d_j)/p\}$ である集合 U_p^j を考える.このとき,U_p^j に含まれる p 個のノードと j をアークで接続するとアーク容量を超えて実行不可能となる.U_p^j に含まれるノードの需要の内で,小さい順に $p-1$ 番目までのものを $\delta_1, \cdots, \delta_{p-1}$ とし,$d_r > C - d_j - (\delta_1 + \cdots + \delta_{p-1})$ を満たすノードを $r(\notin U_p^j)$ とする.このとき,U_p^j に含まれる $p-1$ 個のノードと j をアークで接続し,かつ r と j をアークで接続するとアーク容量を超えて実行不可能となる.このことから,次式は妥当不等式となる.

$$y_{rj} + y_{jr} + \sum_{i \in U_p^j} (y_{ij} + y_{ji}) \leq p - 1$$

これら二つの妥当不等式は,**マルチスター不等式** (multi-star inequality)[40] とよばれる.

N の部分集合を S とし,$W_S = \{i \in N_0 \setminus S | d_i + \sum_{j \in S} d_j \leq C\}$ とする.S に含まれるノードに接続するアークの数は高々 $|S| - 1$ 本である.また,S 内のノードが一つのコンポーネントに含まれる場合には,S 内のノードはアーク容量を満足できる W_S に含まれるノード(ルートを含む)に接続する必要がある.このことから,次式は妥当不等式となる.

$$\sum_{i \in S} \sum_{j \in S} y_{ij} \leq |S| - 2 + \sum_{i \in W_S} \sum_{j \in S} y_{ij} \quad \forall S \subset N$$

この妥当不等式は,**ルートカットセット不等式** (root cut-set inequality) とよ

ばれる.

これらの妥当不等式を生成しながら線形計画問題を解く**切除平面法** (cutting plane algorithm) を用いると,ビンパッキング制約による Lagrange 緩和法よりも優れた下界値を算出する[40].

5.4.5　$2|N|$ 個の制約式による定式化

すべての需要が 1 であるモデルに対して,$2|N|$ 個の制約式を使って定式化することができる.はじめに,アークフローによる定式化を示しておく.アーク (i,j) 上のフロー量を表すアークフロー変数を x_{ij} とする.d_i はノード i を終点とする需要を表し,i がルートのときは $d_0 = 0$,それ以外は $d_i = 1$ である定数とする.

$$\begin{aligned}
&\text{最小化} && \sum_{i \in N_0} \sum_{j \in N} f_{ij} y_{ij} \\
&\text{条件} && \sum_{i \in N_0} y_{ij} = 1 && \forall j \in N \\
& && \sum_{i \in N_0} x_{in} - \sum_{j \in N} x_{nj} = 1 && \forall n \in N \\
& && y_{ij} \le x_{ij} \le (C - d_i) y_{ij} && \forall i \in N_0, j \in N && (5.17) \\
& && x_{ij} \ge 0,\ y_{ij} \in \{0,1\} && \forall i \in N_0, j \in N
\end{aligned}$$

アーク (i,j) 上のフロー量が q であるとき 1,そうでないとき 0 であるアークフロー変数を z_{ij}^q とする.また,$C_i = \{1, \cdots, C - d_i\}$ とする.C_i はノード i を始点とするアーク上のとりうるフロー量の集合であり,ノード i がルートであれば $1, \cdots, C$,それ以外では $1, \cdots, C-1$ となる.このとき,y_{ij}, x_{ij} と z_{ij}^q の関係は次のようになる.

$$\begin{aligned}
y_{ij} &= \sum_{q \in C_i} z_{ij}^q && \forall i \in N_0, j \in N \\
x_{ij} &= \sum_{q \in C_i} q z_{ij}^q && \forall i \in N_0, j \in N
\end{aligned}$$

以上のことから,アークフロー変数 z を用いた $CMST$ の **$2|N|$ 個の制約式による定式化** (2N constraint formulation)[37] は次のようになる.

$$\text{最小化} \quad \sum_{i \in N_0} \sum_{j \in N} \sum_{q \in C_i} f_{ij} z_{ij}^q$$

5.4 緩和法と妥当不等式

条件
$$\sum_{j \in N_0} \sum_{q \in C_i} z_{ij}^q = 1 \qquad \forall i \in N \qquad (5.18)$$
$$\sum_{i \in N_0} \sum_{q \in C_i} q z_{in}^q - \sum_{j \in N} \sum_{q \in C_n} q z_{nj}^q = 1 \quad \forall n \in N \quad (5.19)$$
$$z_{ij}^q \in \{0, 1\} \quad \forall q \in C_i,\ i \in N_0,\ j \in N \qquad (5.20)$$

(5.17) 式は，(5.18)，(5.19) 式により自動的に満足されるため省略する．また，次の妥当制約式を追加する．

$$\sum_{i \in S} \sum_{j \in S} \sum_{q \in C_i} z_{ij}^q \leq |S| - 1 \quad \forall S \subset N,\ |S| > 2 \qquad (5.21)$$

この問題に対して，次の四種類の式は妥当不等式となる．

$$\sum_{i \in N_0} \sum_{j \in N} z_{ij}^q \leq \lfloor |N|/q \rfloor \qquad \forall q = 1, \cdots, C-1 \qquad (5.22)$$

$$\sum_{i \in N} \sum_{j \in N} z_{ij}^q \leq \lfloor |N|/(q+1) \rfloor \quad \forall q = \lceil C/2 \rceil, \cdots, C-1 \qquad (5.23)$$

$$\sum_{j \in N} z_{0j}^C \leq \lfloor |N|/C \rfloor \qquad (5.24)$$

$$\sum_{p=q}^{C} \sum_{j \in N} z_{0j}^p \leq \lfloor |N|/q \rfloor \qquad \forall q = 1, \cdots, C \qquad (5.25)$$

(5.22) 式は，フロー量 q をもつアークはその子孫に q 個のノードをもつため，その本数は高々 $\lfloor |N|/q \rfloor$ 本であることを意味する．ここで，$\lfloor \cdot \rfloor$ は・を超えない最大の整数を表す．$\lceil C/2 \rceil$ 以上のフロー量をもち，かつルートに接続しないアークは同一のコンポーネントに含まれることはないため，その数は高々コンポーネント数となる．さらに，このようなアークが存在するためには，その一方の端点と子孫の q 個の計 $q+1$ 個のノードが必要であり，このアークを含むコンポーネント数は高々 $\lfloor |N|/(q+1) \rfloor$ 個となる．したがって，(5.23) 式は妥当不等式となる．(5.24) 式は，ルートに接続し，フロー量 C をもつアークはその子孫に C 個のノードをもつため，このようなアークは高々 $\lfloor |N|/C \rfloor$ 本であることを意味する．(5.25) 式は，q 個以上のノードをもつコンポーネントは $\lfloor |N|/q \rfloor$ 個以下であることを意味する．

(5.19) 式に対して乗数 v を用いて Lagrange 緩和し，妥当不等式の内の (5.23)

式を加え，乗数 $u(\geq 0)$ を用いて Lagrange 緩和した問題を作成する．

$$\text{最小化} \quad \sum_{i \in N_0} \sum_{j \in N} \sum_{q \in C_i} \bar{f}_{ij}^q z_{ij}^q + \sum_{j \in N} v_j$$
$$- \sum_{q=\lceil |C|/2 \rceil}^{C-1} \lfloor |N|/(q+1) \rfloor u_q$$

条件 $(5.18), (5.20) \ and \ (5.21)$

ここで，

$$\bar{f}_{ij}^q = \begin{cases} f_{ij} + q(v_i - v_j) & if \ \forall i \in N, \ j \in N, \ q = 1, \cdots, \lceil |C|/2 \rceil - 1 \\ f_{ij} + q(v_i - v_j) + u_q & if \ \forall i \in N, \ j \in N, \ q = \lceil |C|/2 \rceil, \cdots, C-1 \\ f_{0j} - qv_j & if \ \forall j \in N, \ q = 1, \cdots, C \end{cases}$$

とする．

この問題は，アーク (i,j) の重みを $\min_{q \in C_i} \bar{f}_{ij}^q$ とした最小木問題となり，容易に解くことができ，$CMST$ の下界値を求めることができる．また，Lagrange 乗数は劣勾配法などで設定することができる．

5.4.6 ホップ変数を用いた定式化

すべての需要が 1 であるモデルに対して**ホップインデックス** (hop-index) を用いると，より強い定式化を行うことができる．ホップインデックスとは，木においてルートから数えたアークの位置を表す．アーク (i,j) のホップインデックスが t であるとは，ルートからノード j までのパス上で，ルートから数えて，ルートを除く t 番目のノードが j であることを意味する．アーク (i,j) のホップインデックスが t であるとき，ルートからノード i までのパス上にはルートを除く $t-1$ 個のノードが存在し，これらの需要合計は $t-1$ であるため，アーク (i,j) 上のフロー量は $C-t+1$ を超えることができない．

アーク (i,j) のホップインデックスが t であるとき 1，そうでないとき 0 である**ホップインデックス変数** (hop-index variable) を Y_{ij}^t とし，アーク (i,j) のホップインデックスが t であるときのアーク (i,j) のフロー量を表すホップインデックスフロー変数を X_{ij}^t とする．このとき，ホップインデックスによる**定式化** (hop-indexed formulation)[38] は次のようになる．

最小化 $\sum_{i \in N_0} \sum_{j \in N} \sum_{t \in C_0} f_{ij} Y_{ij}^t$

条件 $\sum_{i \in N_0} \sum_{t \in C_0} Y_{ij}^t = 1 \qquad \forall j \in N$

$\sum_{i \in N_0} X_{in}^t - \sum_{j \in N} X_{nj}^{t+1} = \sum_{i \in N_0} Y_{in}^t \quad \forall n \in N,\ t \in C_1$

(5.26)

$Y_{ij}^t \leq X_{ij}^t \leq (C - t + 1) Y_{ij}^t \quad \forall i \in N_0,\ j \in N,\ t \in C_0$ (5.27)

$Y_{ij}^t \in \{0, 1\} \qquad \forall i \in N_0,\ j \in N,\ t \in C_0$

ここで，$C_0 = \{1, \cdots, C\}$，$C_1 = \{1, \cdots, C-1\}$ である．

(5.26)式は，ホップインデックス t のアークの端点 n では，ホップインデックス t のアークから入るフロー量とホップインデックス $t+1$ のアークへ出るフロー量の差が $\sum_{i \in N_0} Y_{in}^t$ であることを表す．ここで，$\sum_{i \in N_0} Y_{in}^t$ は，ノード n を端点とするホップインデックス t のアークがあるとき 1，ないとき 0 となる．(5.27)式の右側は，$Y_{ij}^t = 1$ でアーク (i, j) のホップインデックスが t であればアーク上のフロー量は $C - t + 1$ 以下であり，$Y_{ij}^t = 0$ であればフロー量は 0 であることを表す．(5.27)式の左側は，アーク (i, j) のホップインデックスが t であればアーク (i, j) のフロー量の下限は 1，そうでないときの下限は 0 であることを表す．

ノード j を端点とするホップインデックス t のアーク (i, j) が存在しなければ，ホップインデックス $t+1$ のアーク $(j, k)(k \in N)$ は存在しない．このため，次式は妥当不等式となる．

$$\sum_{i \in N_0, i \neq k} Y_{ij}^t \geq Y_{jk}^{t+1} \quad \forall j \in N,\ k \in N,\ t \in C_1$$

前項で示した $2|N|$ 個の制約式による定式化の考えを用いると，より強い定式化を行うことができる．ホップインデックス t のアーク (i, j) 上のフロー量が q であるとき 1，そうでないとき 0 であるホップインデックス変数を Z_{ij}^{tq} とする．このとき，Y_{ij}^t, X_{ij}^t と Z_{ij}^{tq} の関係は次のようになる．

$$Y_{ij}^t = \sum_{q \in C_t} Z_{ij}^{tq} \qquad \forall i \in N_0,\ j \in N,\ t \in C_0$$

$$X_{ij}^t = \sum_{q \in C_t} q Z_{ij}^{tq} \qquad \forall i \in N_0,\ j \in N,\ t \in C_0$$

ここで, $C_t = \{1, \cdots, C - t + 1\}$ である.

これらの式から, ホップインデックス変数を用いた $2|N|$ 個の制約式による定式化は次のようになる.

最小化 $\sum_{i \in N_0} \sum_{j \in N} \sum_{t \in C_0} \sum_{q \in C_t} f_{ij} Z_{ij}^{tq}$

条件 $\sum_{j \in N_0} \sum_{t \in C_0} \sum_{q \in C_t} Z_{ij}^{tq} = 1 \qquad \forall i \in N$

$\sum_{i \in N_0} \sum_{q \in C_t} q Z_{in}^{tq} - \sum_{j \in N} \sum_{q \in C_t} q Z_{nj}^{t+1,q}$
$= \sum_{i \in N_0} \sum_{q \in C_t} Z_{in}^{tq} \qquad \forall n \in N,\ t \in C_1$

$Z_{ij}^{tq} \in \{0, 1\} \qquad \forall i \in N_0,\ j \in N,\ t \in C_0,\ q \in C_t$

これらに部分巡回路除去制約を加えた定式化に対する線形緩和問題は良好な下界値を算出する.

6 容量制約をもつネットワーク設計問題

容量制約をもつネットワーク設計問題 (capacitated network design problem; CND) は，アーク上のフロー量がアーク容量以下であるという容量制約をもつ問題である．アーク容量は通信回線容量や輸送能力に相当し，FND などに比べより現実的なモデルとなる．容量制約があるために，CND は FND や BND に比べて最適値と緩和問題の下界値とのギャップが大きくなる傾向がある．また，デザイン変数を固定したフロー問題がタイトな多品種フロー問題となるため，実行可能解を求めること自体に手間がかかるなど，FND や BND よりも難しい問題となる．

> **(容量制約をもつネットワーク設計問題 CND)** ノード集合 N，デザイン費用 f，フロー費用 c およびアーク容量 C をもつアーク集合 A，需要 d をもつ品種集合 K が与えられている．このとき，すべてのアーク上のフロー量がアーク容量以下であり，フロー費用とデザイン費用の合計を最小にするアーク集合 $A'(\subseteq A)$ と各品種のフローを求めよ．

● 6.1 ● CND の定式化 ●

アーク (i,j) 上の品種 k の単位当たりのフロー費用を c_{ij}^k，フロー変数を x_{ij}^k とし，アーク (i,j) のデザイン費用を f_{ij}，デザイン変数を y_{ij}，アーク容量を C_{ij} とする．また，品種 k の需要を d^k とし，ノード n を始点とするアークの終点の集合を N_n^-，ノード n を終点とするアークの始点の集合を N_n^+ とする．こ

こでは，アークが向きをもつ場合の CND のアークフローによる定式化を示す．

最小化 $\sum_{(i,j) \in A} \sum_{k \in K} c_{ij}^k x_{ij}^k + \sum_{(i,j) \in A} f_{ij} y_{ij}$

条件 $\sum_{i \in N_n^+} x_{in}^k - \sum_{j \in N_n^-} x_{nj}^k = d_n^k \quad \forall n \in N, \ k \in K \quad (6.1)$

$\sum_{k \in K} x_{ij}^k \leq C_{ij} y_{ij} \quad \forall (i,j) \in A \quad (6.2)$

$x_{ij}^k \leq d^k y_{ij} \quad \forall (i,j) \in A, \ k \in K \quad (6.3)$

$x_{ij}^k \geq 0 \quad \forall (i,j) \in A, \ k \in K$

$y_{ij} \in \{0,1\} \quad \forall (i,j) \in A$

目的関数はフロー費用とデザイン費用の総和であり，これを最小化する．(6.1) 式はフロー保存式である．ここで，d_n^k は，ノード n が品種 k の始点 O^k であれば $-d^k$，終点 D^k であれば d^k，それ以外のノードであれば 0 である定数である．(6.2) 式は，アーク (i,j) が存在するとき，アーク上のフロー量の合計がアーク容量以下であることを表す容量制約式である．(6.3) 式は，アーク (i,j) が存在するとき，品種 k のフローが最大で d^k だけ存在することを表す強制制約式である．$d^k > C_{ij}$ である品種の需要が存在する場合，この制約式の右辺は $\min(d^k, C_{ij}) y_{ij}$ に置き換えることができる．

強制制約式である (6.3) 式を取り除き，さらにデザイン変数の 0–1 条件を非負条件 $\boldsymbol{y \geq 0}$ に緩和した線形緩和問題を考える．最小化問題であることから，緩和問題の最適解において (6.2) 式は等式で成り立つため，$y_{ij} = \sum_{k \in K} x_{ij}^k / C_{ij}$ が成り立つ．これを目的関数に代入すると，CND の線形緩和問題は次のような線形化フロー問題 LZF となる．

最小化 $\sum_{k \in K} \sum_{(i,j) \in A} (c_{ij}^k + f_{ij}/C_{ij}) x_{ij}^k$

条件 $\sum_{i \in N_n^+} x_{in}^k - \sum_{j \in N_n^-} x_{nj}^k = d_n^k \quad \forall n \in N, \ k \in K$

$x_{ij}^k \geq 0 \quad \forall (i,j) \in A, \ k \in K$

この問題はアーク (i,j) の長さを $c_{ij}^k + f_{ij}/C_{ij}$ とした品種 k ごとの独立した最短路問題に分割することができ，それぞれの問題は容易に解くことができる．

また，デザイン変数の 0–1 条件を $\boldsymbol{0 \leq y \leq 1}$ に線形緩和した場合には，容量

制約式

$$\sum_{k \in K} x_{ij}^k \leq C_{ij} \quad \forall (i,j) \in A, \ k \in K$$

が加わり，この問題は多品種フロー問題となる．

これら二つの線形緩和問題は最短路問題や多品種フロー問題の解法を用いて解くことができる．しかし，(6.3) 式を考慮していないため，CND の最適値と緩和問題の最適値である下界値の差であるギャップが大きくなる[31]．

● 6.2 ● 妥当不等式 ●

強制制約式を含む定式化であっても最適値と下界値とのギャップは比較的大きく，FND などと比べ，線形緩和によって得られる下界値はそれほどよくはない．そのため，CND に対して多くの妥当不等式が示されており，これらの妥当不等式を制約として加えることによって，下界値を改善することができる．

6.2.1 カットセット不等式

ここでは，アークが向きをもたないネットワークを対象とする．カットセット上のアーク容量とフロー量の関係から妥当不等式を導くことができる．ノード集合 N を S と $\bar{S}(= N \backslash S)$ に分割する．これらの二つのノード集合の一方を始点，他方を終点とする品種の集合を $K(S, \bar{S})$ とし，S 内のノードと $\bar{S}$ 内のノードを両端点とするアーク集合であるカットセットを $(S, \bar{S})$ とおく．このとき，$K(S, \bar{S})$ に含まれる品種のフローは，カットセット $(S, \bar{S})$ に含まれるアーク上を少なくとも一回は通過しなければならない（図 6.1）．さらに，$(S, \bar{S})$ 上には，カットセット上を通過するフロー量以上の容量が必要であるので，次式が成り立つ．

$$\sum_{(i,j) \in (S,\bar{S})} C_{ij} y_{ij} \geq \sum_{(i,j) \in (S,\bar{S})} \sum_{k \in K(S,\bar{S})} (x_{ij}^k + x_{ji}^k) \geq \sum_{k \in K(S,\bar{S})} d^k \quad \forall S \subset N$$

はじめに，すべてのアーク容量が等しく，C である場合を考える．両辺を C で

図 6.1 カットセット不等式

図 6.2 妥当不等式の例

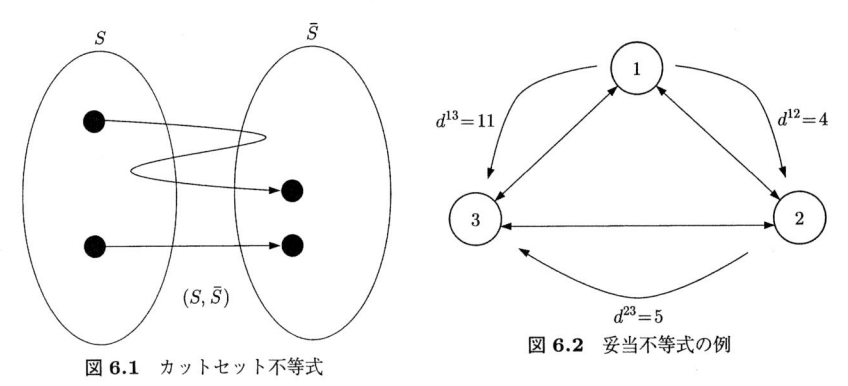

割ると左辺は整数値をとるため,次の**カットセット不等式** (cut-set inequality) は妥当不等式[46,64]となる.

$$\sum_{(i,j)\in(S,\bar{S})} y_{ij} \geq \left\lceil \frac{\sum_{k\in K(S,\bar{S})} d^k}{C} \right\rceil \quad \forall S \subset N$$

図 6.2 の 3 ノードのネットワークを用いて,妥当不等式の例を示す.容量を $C=10$ とし,需要は図に示すとおりである.このとき,カットセット不等式は次式となる.

$$y_{12} + y_{13} \geq \lceil (11+4)/10 \rceil = 2$$
$$y_{12} + y_{23} \geq 1$$
$$y_{13} + y_{23} \geq 2$$

一方,アーク容量がアークによって異なる場合,カットセット不等式[16]は次式となる.

$$\sum_{(i,j)\in(S,\bar{S})} y_{ij} \geq \left\lceil \frac{\sum_{k\in K(S,\bar{S})} d^k}{\max_{(i,j)\in(S,\bar{S})} C_{ij}} \right\rceil \quad \forall S \subset N$$

容量が $C_{12}=5$, $C_{13}=15$, $C_{23}=10$ である場合,カットセット不等式は,次式となる.

$$y_{12} + y_{13} \geq \lceil (11+4)/\max\{5,15\} \rceil = 1$$
$$y_{12} + y_{23} \geq 1$$

$$y_{13} + y_{23} \geq 2$$

6.2.2 3ノード問題と3分割不等式

3ノード (1,2,3), 容量 C の3アーク (1,2), (1,3), (2,3), 3品種 (1,2), (1,3), (2,3) から構成されるネットワークに対するカットセット不等式は, 次の三つの式である.

$$y_{12} + y_{13} \geq \lceil (d^{12} + d^{13})/C \rceil$$
$$y_{12} + y_{23} \geq \lceil (d^{12} + d^{23})/C \rceil$$
$$y_{13} + y_{23} \geq \lceil (d^{13} + d^{23})/C \rceil$$

これらの和から, 次の **3分割不等式** (three-partition inequality)[64] を導くことができる.

$$y_{12} + y_{13} + y_{23} \geq \left\lceil \frac{1}{2} \left(\left\lceil \frac{d^{12} + d^{13}}{C} \right\rceil + \left\lceil \frac{d^{12} + d^{23}}{C} \right\rceil + \left\lceil \frac{d^{13} + d^{23}}{C} \right\rceil \right) \right\rceil$$

3分割不等式は, 容易に一般のネットワークに拡張できる. ノード集合 N を S_1, S_2, S_3 に3分割する. このとき, 次の3分割不等式は CND の妥当不等式となる.

$$\sum_{(i,j) \in (S_1, S_2)} y_{ij} + \sum_{(i,j) \in (S_1, S_3)} y_{ij} + \sum_{(i,j) \in (S_2, S_3)} y_{ij}$$
$$\geq \left\lceil \frac{1}{2} \left(\left\lceil \frac{\sum_{k \in K(S_1, S_2 \cup S_3)} d^k}{C} \right\rceil + \left\lceil \frac{\sum_{k \in K(S_2, S_1 \cup S_3)} d^k}{C} \right\rceil + \left\lceil \frac{\sum_{k \in K(S_3, S_1 \cup S_2)} d^k}{C} \right\rceil \right) \right\rceil$$

図 6.2 のネットワークでは, 3分割不等式は次式となる.

$$y_{12} + y_{13} + y_{23} \geq 3$$

6.2.3 迂回フロー不等式

ノード集合 N を S_1, S_2, S_3 に3分割する. $K(S_1, S_3)$ に含まれる品種のフ

ロー量の合計がカットセット (S_1, S_3) 上に設置されたアーク容量を超える場合，あふれたフローは (S_1, S_2) および (S_2, S_3) 上を迂回する必要があり，そのフローはこれら $(S_1 \cup S_3, S_2)$ 上を二回以上通過する．このことから，次の**迂回フロー不等式** (detour flow inequality)[45] は，CND の妥当不等式となる．

$$\sum_{(i,j)\in(S_1\cup S_3,S_2)} Cy_{ij} \geq \sum_{k\in K(S_1\cup S_3,S_2)} d^k + 2\max\left(0, \sum_{k\in K(S_1,S_3)} d^k - \sum_{(i,j)\in(S_1,S_3)} Cy_{ij}\right)$$

これより，次の妥当不等式を得る．

$$\sum_{(i,j)\in(S_1\cup S_3,S_2)} y_{ij} + 2\sum_{(i,j)\in(S_1,S_3)} y_{ij} \geq \left\lceil \frac{\sum_{k\in K(S_1\cup S_3,S_2)} d^k + 2\sum_{k\in K(S_1,S_3)} d^k}{C} \right\rceil$$

特に，$|S_1|=1$，$|S_3|=1$ の場合に，$S_1=\{1\}$，$S_3=\{3\}$ とおく．$y_{13}=0$ の場合には，迂回フローは (S_1,S_2) 上のアークフローと (S_3,S_2) 上のアークフローに分離できる．ノード 1, 3 間の需要を d^{13} とおけば，迂回フロー不等式は次のように強化できる．

$$\sum_{(i,j)\in(S_1\cup S_3,S_2)} y_{ij} + y_{13}$$
$$\geq \min\left\{ \left\lceil\frac{\sum_{k\in K(S_1,S_2)} d^k + d^{13}}{C}\right\rceil + \left\lceil\frac{\sum_{k\in K(S_3,S_2)} d^k + d^{13}}{C}\right\rceil, \right.$$
$$\left. \left\lceil\frac{\sum_{k\in K(S_1\cup S_3,S_2)} d^k}{C}\right\rceil + 1 \right\}$$

右辺の第一項は $y_{13}=0$ の場合の迂回フロー，第二項は $y_{13}=1$ を考慮したものである．

図 6.2 のネットワークでは，迂回フロー不等式は次式となる．

$$y_{13} + y_{23} + 2y_{12} \geq \lceil(11+5+8)/10\rceil = 3$$
$$y_{12} + y_{23} + 2y_{13} \geq 4$$

$$y_{12} + y_{13} + 2y_{23} \geq 3$$

$S = \{2\}$, $\bar{S} = \{1\}$, $N_3 = \{3\}$ のとき,強化した迂回フロー不等式は次式となる.

$$y_{12} + y_{13} + y_{23} \geq \min\{\lceil (11+5)/10 \rceil + \lceil (4+5)/10 \rceil, \lceil (11+4)/10 \rceil + 1\}$$
$$= 3$$

6.2.4 マルチカット不等式

ネットワークが連結である必要があるものとする. N を p 個に分割したノード集合を $(S_1, \cdots, S_p)$ とし,アークの端点が相異なる分割集合の要素に含まれるアーク集合を $A(S_1, \cdots, S_p)$ とする.このとき,ネットワークの連結性より,次の**マルチカット不等式** (multicut inequality)[8] は妥当不等式となる.

$$\sum_{(i,j) \in A(S_1, \cdots, S_p)} y_{ij} \geq p - 1 \quad \forall (S_1, \cdots, S_p)$$

図 6.2 のネットワークでは,$(1, 2, 3)$ に対するマルチカット不等式は次式となる.

$$y_{12} + y_{13} + y_{23} \geq 2$$

6.2.5 被覆不等式と最小基数不等式

N の部分集合を S とし,カットセット $(S, \bar{S})$ に関する次のような妥当不等式を考える.

$$\sum_{(i,j) \in (S, \bar{S})} C_{ij} y_{ij} \geq \sum_{k \in K(S, \bar{S})} d^k$$

E をカットセット $(S, \bar{S})$ の部分集合とする (図 6.3). $(S, \bar{S}) \setminus E$ 上で $K(S, \bar{S})$ のすべての需要を流せない,すなわち

$$\sum_{(i,j) \in (S, \bar{S}) \setminus E} C_{ij} < \sum_{k \in K(S, \bar{S})} d^k$$

であるとき,E を $(S, \bar{S})$ の**被覆** (cover) とよぶ.また,E に含まれる任意のアー

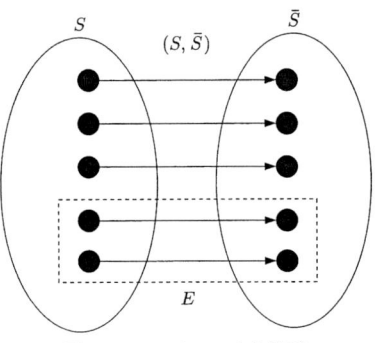

図 6.3 カットセットと被覆

クを加えたときに，$K(S,\bar{S})$ のすべての需要を流せる，すなわち

$$\sum_{(i,j)\in(S,\bar{S})\setminus E} C_{ij} + C_{pq} \geq \sum_{k\in K(S,\bar{S})} d^k \quad \forall (p,q)\in E$$

であるとき，E を $(S,\bar{S})$ の**最小被覆** (minimal cover) とよぶ．

$(S,\bar{S})$ のすべての被覆 E に対して，次の**被覆不等式** (cover inequality)[16] は，妥当不等式となる．

$$\sum_{(i,j)\in E} y_{ij} \geq 1$$

カットセット $(S,\bar{S})$ に対して，**最小基数** (minimum cardinality number) m を次のように定義する．

$$m = \max\left\{ h \middle| \sum_{t=1}^{h} C_l < \sum_{k\in K(S,\bar{S})} d^k \right\} + 1$$

ここで，$C_1,\cdots,C_{|(S,\bar{S})|}$ はカットセット $(S,\bar{S})$ 上のアーク容量を降順にソートしたものである．すべての実行可能解において，m は $(S,\bar{S})$ の中で付加すべきアーク数の最小値となる．このとき，次の**最小基数不等式** (minimum cardinality inequality)[16] は，妥当不等式となる．

$$\sum_{(i,j)\in(S,\bar{S})} y_{ij} \geq m$$

被覆不等式や最小基数不等式に対して，**持ち上げ** (lifting)[39] を行うことによっ

て，より強い妥当不等式を導きことができる．

● 6.3 ● 双対上昇法と Lagrange 緩和法 ●

CND に対して，カットセット不等式に対する双対上昇法と，フロー保存式および容量制約式に対する Lagrange 緩和法が示されている．

6.3.1 カットセット不等式に対する双対上昇法

ここでは，すべてのアーク容量が C である問題を対象として，次のようなカットセット不等式を含む定式化を用いる．

最小化 $\sum_{(i,j)\in A}\sum_{k\in K} c_{ij}^k x_{ij}^k + \sum_{(i,j)\in A} f_{ij} y_{ij}$

条件 $\sum_{i\in N_n^+} x_{in}^k - \sum_{j\in N_n^-} x_{nj}^k = d_n^k \quad \forall n\in N,\ k\in K$ (6.4)

$\sum_{k\in K} x_{ij}^k \leq Cy_{ij} \qquad \forall (i,j)\in A$ (6.5)

$\sum_{(i,j)\in(S,\bar{S})} y_{ij} \geq \left\lceil \frac{\sum_{k\in K(S,\bar{S})} d^k}{C} \right\rceil \forall S\subset N$ (6.6)

$x_{ij}^k \geq 0 \qquad \forall (i,j)\in A,\ k\in K$

$y_{ij} \in \{0,1\} \qquad \forall (i,j)\in A$

ここで，S はノード N の部分集合，$\bar{S}=N\setminus S$ であり，$K(S,\bar{S})$ は始点が S に終点が $\bar{S}$ に含まれる品種の集合である．

y の 0–1 条件を非負条件 $y\geq 0$ に緩和した線形緩和問題を考える．この線形緩和問題において，(6.4) 式に対する双対変数を v，(6.5) 式に対する双対変数を $u(\geq 0)$，(6.6) 式に対する双対変数を $t(\geq 0)$ として，双対問題 DU を作成する．

最大化 $\sum_{k\in K} d^k(v_{D^k}^k - v_{O^k}^k) + \sum_{S\subset N} \left\lceil \frac{\sum_{k\in K(S,\bar{S})} d^k}{C} \right\rceil t_S$

条件 $v_j^k - v_i^k \leq c_{ij}^k + u_{ij} \qquad \forall (i,j)\in A,\ k\in K$

$Cu_{ij} + \sum_{\{S|(i,j)\in(S,\bar{S})\}} t_S \leq f_{ij} \quad \forall (i,j)\in A$ (6.7)

$u_{ij} \geq 0 \qquad \forall (i,j)\in A$

図 6.4　$S, \bar{S}$ と最短路

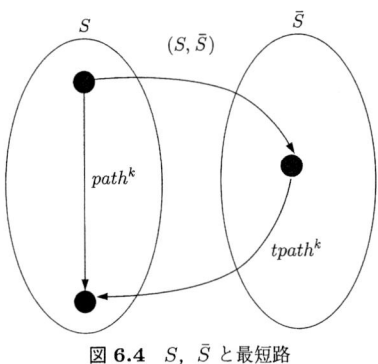

$$t_S \geq 0 \qquad \forall S \subset N$$

双対変数 $\bm{u}$ と $\bm{t}$ が与えられた場合，品種 k に関して，この問題はアーク (i,j) の長さを $c_{ij}^k + u_{ij}$ とした最短路問題の双対問題となる．そのため，$\bm{u}$ と $\bm{t}$ が非負で，(6.7) 式を満足するように設定すれば，最短路問題を解くことによって対応する $\bm{v}$ を求めることができ，これらは DU の実行可能解となる．

はじめに，

$$u_{ij} = f_{ij}/C \qquad \forall (i,j) \in A$$
$$t_S = 0 \qquad \forall S \subset N$$

と設定する．これらは明らかに DU の実行可能解である．この解を初期値として，t_S を 0 から増加させ，(6.7) 式を満足するように u_{ij} を減少させる．t_S が増加すると目的関数の第二項が増加する．一方，u_{ij} が減少するとアークの長さが減少するため，目的関数の第一項である最短距離が減少する可能性がある．

始点・終点がともに S に含まれる品種の集合を $K(S,S)$，アークの長さを $c_{ij}^k + u_{ij}$ としたネットワーク上の品種 k の始点・終点間の最短距離を $path^k$ とする (図 6.4)．また，$\bar{S}$ の一つ以上のノードを経由したときの最短距離を $tpath^k$ とし，このパスがカットセット $(S, \bar{S})$ を通る回数を h_S^k とする．

$(S, \bar{S})$ に含まれるアークについて，一律に u_{ij} を減少させる．このとき，u_{ij} が非負で，すべての品種について $path^k \leq tpath^k$ を満足する範囲，すなわち $\min\{(tpath^k - path^k)/h_S^k, \min_{(i,j) \in (S, \bar{S})} u_{ij}\}$ まで減少させても，各品種に関

する最短距離が減少することはない．

そこで，t_S の増加量を $C\Delta_S$ とし，Δ_S を次のように設定する．

$$\delta_S^k = \min\left(\frac{tpath^k - path^k}{h_S^k}, \min_{(i,j) \in (S,\bar{S})} u_{ij}\right) \quad \forall k \in K(S,S)$$

$$\Delta_S = \min\{\delta_S^k | k \in K(S,S)\} \tag{6.8}$$

適当なカットセット $(S,\bar{S})$ に対して，(6.8) 式にしたがって Δ_S を設定し，t_S を $C\Delta_S$ だけ増加させ，$u_{ij}((i,j) \in (S,\bar{S}))$ を Δ_S だけ減少させる．このとき，$K(S,\bar{S})$ に含まれる品種の始点・終点間の最短路は変化しないため，品種 k の始点・終点間の距離は Δ_S だけ増加する．したがって，目的関数は

$$\left(\left\lceil\frac{\sum_{k \in K(S,\bar{S})} d^k}{C}\right\rceil C - \sum_{k \in K} d^k\right)\Delta_S$$

だけ変化する[46]．

以上のことから，$\lceil\sum_{k \in K(S,\bar{S})} d^k / C\rceil C > \sum_{k \in K} d^k$ であるカットセット S を探索し，双対変数 t_S を 0 から $C\Delta_S$ に増加させれば，下界値を上昇させることができる．しかし，カットセット数は膨大なものとなるために，下界値を上昇させるカットセットを効率よく探索する必要がある．

6.3.2 フロー保存式に対する Lagrange 緩和

フロー保存式である (6.1) 式に対する Lagrange 乗数 v を用いて，Lagrange 緩和問題 LGF[33] を作成する．x と y について整理すると，LGF は次のようになる．

最小化 $\sum_{k \in K} d^k(v_{D^k}^k - v_{O^k}^k) + \sum_{(i,j) \in A} \sum_{k \in K}(c_{ij}^k - v_j^k + v_i^k)x_{ij}^k$
$\qquad + \sum_{(i,j) \in A} f_{ij} y_{ij}$

条件 $\sum_{k \in K} x_{ij}^k \leq C_{ij} y_{ij} \quad \forall (i,j) \in A \hfill (6.9)$

$\qquad x_{ij}^k \leq d^k y_{ij} \quad \forall (i,j) \in A,\ k \in K \hfill (6.10)$

$\qquad x_{ij}^k \geq 0 \quad \forall (i,j) \in A,\ k \in K \hfill (6.11)$

$\qquad y_{ij} \in \{0,1\} \quad \forall (i,j) \in A \hfill (6.12)$

適当な v が与えられたときに目的関数の第一項は定数項となるので，LGF はアーク (i,j) ごとの独立した次のような問題に分割できる．

最小化 $\sum_{k \in K}(c_{ij}^k - v_j^k + v_i^k)x_{ij}^k + f_{ij}y_{ij}$

条件 $\sum_{k \in K} x_{ij}^k \leq C_{ij}y_{ij}$

$0 \leq x_{ij}^k \leq d^k y_{ij} \quad \forall k \in K$

$y_{ij} \in \{0,1\}$

$y_{ij} = 0$ の場合，最適解は $x_{ij}^k = 0 (k \in K)$，最適値は 0 となる．一方，$y_{ij} = 1$ の場合，次のような問題になる．

最小化 $\sum_{k \in K}(c_{ij}^k - v_j^k + v_i^k)x_{ij}^k + f_{ij}$

条件 $\sum_{k \in K} x_{ij}^k \leq C_{ij}$

$0 \leq x_{ij}^k \leq d^k \quad \forall k \in K$

この問題は連続ナップサック問題であるため，容易に解くことができる．

最小化問題であるため，アークごとに分割された問題の最適解は，連続ナップサック問題の最適値が非負であれば $y_{ij} = 0$，$x_{ij}^k = 0 (k \in K)$，負であれば $y_{ij} = 1$ と連続ナップサック問題の解となる．

これらの解を LGF の目的関数に代入すれば LGF の最適値を求めることができ，この値は CND の下界値となる．また，Lagrange 乗数 v は劣勾配法などで設定することができる．

6.3.3 容量制約式に対する Lagrange 緩和

容量制約式である (6.2) 式に対する Lagrange 乗数 $u(\geq \mathbf{0})$，強制制約式である (6.3) 式に対する Lagrange 乗数 $w(\geq \mathbf{0})$ を用いて，Lagrange 緩和問題 LGC[33] を作成する．

最小化 $\sum_{(i,j) \in A}\sum_{k \in K}(c_{ij}^k + u_{ij} + w_{ij}^k)x_{ij}^k$

$+ \sum_{(i,j) \in A}\left\{f_{ij} - C_{ij}u_{ij} - \sum_{k \in K} d^k w_{ij}^k\right\}y_{ij}$

条件 $\sum_{i \in N_n^+} x_{in}^k - \sum_{j \in N_n^-} x_{nj}^k = d_n^k \quad \forall n \in N, k \in K$

$$x_{ij}^k \geq 0 \qquad \forall (i,j) \in A, \ k \in K$$
$$y_{ij} \in \{0,1\} \qquad \forall (i,j) \in A$$

この問題は，x に関する品種 k ごとの独立した始点・終点間の最短路問題

最小化 $\sum_{(i,j) \in A}(c_{ij}^k + u_{ij} + w_{ij}^k)x_{ij}^k$

条件 $\sum_{i \in N_n^+} x_{in}^k - \sum_{j \in N_n^-} x_{nj}^k = d_n^k \quad \forall n \in N$

$\qquad x_{ij}^k \geq 0 \qquad \forall (i,j) \in A, \ k \in K$

と，y に関するアーク (i,j) ごとの独立した係数と 0 の比較問題

最小化 $\left\{ f_{ij} - C_{ij}u_{ij} - \sum_{k \in K} w_{ij}^k d^k \right\} y_{ij}$

条件 $y_{ij} \in \{0,1\}$

に分割することができ，それぞれ容易に解くことができる．これらの解を LGC の目的関数値に代入すれば，CND の下界値を求めることができる．また，Lagrange 乗数 u, w は劣勾配法などで設定することができる．

6.3.4 資源主導による分解ヒューリスティック

Lagrange 緩和問題の解は，もとの組合せ最適化問題の実行可能解であるとは限らない．したがって，実行可能解を算出するためには，Lagrange ヒューリスティックなどの近似解法が必要となる．CND に対しては，多品種フロー問題の解法である資源主導による分解法の考えを用いた**資源主導による分解ヒューリスティック** (resource-directive decomposition heuristic)[32] が示されている．

Lagrange 緩和問題 LGC の最適解を $\hat{y}, \hat{x}$ とおく．容量制約式である (6.2) 式を緩和しているため，これらは (6.2) 式を満足しているとは限らない．そこで，(6.2) 式を満足し，かつ $\hat{x}$ の近傍にある解 x を求めるために，次の射影問題を解く．

最小化 $\sum_{(i,j) \in A} \sum_{k \in K} (x_{ij}^k - \hat{x}_{ij}^k)^2$

条件 $\sum_{k \in K} x_{ij}^k = C_{ij} \quad \forall (i,j) \in A$

$$0 \leq x_{ij}^k \leq d^k \qquad \forall (i,j) \in A,\ k \in K$$

この問題はアークごとの単一制約をもつ 2 次計画問題に分割することができ，これらの問題は効率的に解くことができる[52]．

射影問題の解を $\bar{x}$ とおく．品種 k に割り当てるアーク (i,j) のアーク容量を $\bar{x}_{ij}^k$ とし，フロー費用を $c_{ij}^k + f_{ij}/C_{ij}$ とした次のような線形化フロー問題 LZF を考える．

最小化 $\sum_{(i,j) \in A} \sum_{k \in K} (c_{ij}^k + f_{ij}/C_{ij}) x_{ij}^k$

条件 $\sum_{i \in N_n^+} x_{in}^k - \sum_{j \in N_n^-} x_{nj}^k = d_n^k \quad \forall n \in N,\ k \in K$

$\qquad 0 \leq x_{ij}^k \leq \bar{x}_{ij}^k \qquad\qquad \forall (i,j) \in A,\ k \in K$

この問題は品種 k ごとの独立した問題に分割することができ，それぞれは最短路問題に帰着され容易に解くことができる．

LZF の最適解 $\tilde{x}$ が求められたとき，

$$\sum_{k \in K} \tilde{x}_{ij}^k \leq \sum_{k \in K} \bar{x}_{ij}^k = C_{ij} \quad \forall (i,j) \in A$$

が成り立つことから，$\tilde{x}$ は容量制約式を満足し，CND の実行可能解となる．$\tilde{x}$ を用いて，次のようにデザイン変数 $\tilde{y}$ を定める．

$$\tilde{y}_{ij} = \begin{cases} 1 & if\ \sum_{k \in K} \tilde{x}_{ij}^k > 0 \\ 0 & otherwise \end{cases} \qquad \forall (i,j) \in A$$

明らかに，$\tilde{x}$, $\tilde{y}$ は CND の実行可能解となる．

続いて，次のような基準 q_{ij} でアークを昇順に並べ替える．

$$q_{ij} = -M \sum_{k \in K} \tilde{x}_{ij}^k + f_{ij} - C_{ij} u_{ij} - \sum_{k \in K} d^k w_{ij}^k \quad \forall (i,j) \in A$$

ここで，M は大きな正数であり，$f_{ij} - C_{ij} u_{ij} - \sum_{k \in K} d^k w_{ij}^k$ はアーク (i,j) の被約費用に相当する．$-M$ は大きな負数であることから，アーク上のフロー量が大きなアークは q_{ij} が小さくなる．また，アーク上のフロー量が等しい場合は被約費用の小さいものが優先される．

q_{ij} が小さなアーク (i,j) は CND の最適解に含まれることが期待でき，逆に大きなアークは最適解に含まれる可能性が低いと考える．そこで，基準 q_{ij} で昇順に並べ替えたアーク集合に対して2分探索を行い，ネットワークに加えるアークを絞り込む．

ネットワークに加えるアーク集合を A' とする．はじめに，q_{ij} の小さな上位半分のアークを A' とし，LZF を解き直す．LZF が実行可能であれば，A' の中で q_{ij} の大きな下位半分のアークを取り除き，A' を小さな上位半分のアークのみとする．一方，LZF が実行不可能であれば，$A\setminus A'$ の中で q_{ij} の小さな上位半分のアークを A' に加える．以上の操作を繰り返して，A' を決定する．

資源主導による分解ヒューリスティック

[ステップ1]　Lagrange 緩和解を用いて射影問題を解き，各品種に割り当てるアーク容量を求める．LZF を解き，この解を使って CND の目的関数値 z を計算する．上界値を UB とし，$UB := z$ とする．

[ステップ2]　$q_{ij}((i,j) \in A)$ の値にしたがって，アークを昇順に並べ替える．$p^l := 1$, $p^u := |A|$ とする．

[ステップ3]　$p^u - p^l \leq 1$ であれば終了する．

[ステップ4]　1番目から $p^l + (p^u - p^l)/2$ 番目までのアークの集合を A' とする．ネットワーク $G(N, A')$ において LZF を解く．

[ステップ5]　LZF が実行不可能であれば，$p^l := p^l + (p^u - p^l)/2$ とし，ステップ3へ戻る．

[ステップ6]　LZF の解を CND の目的関数に代入して，上界値 z を求める．$z < UB$ であれば $UB := z$ とする．$p^u := p^l + (p^u - p^l)/2$ とし，ステップ3へ戻る．

●6.4● スケーリング法 ●

一般に，スケーリング法 (scaling algorithm) は費用や容量などに線形変換を施して，問題を変換して解く手法である．CND に対しては，アークに関してパラメータ化した問題を解き，この解を用いてこれらのパラメータを制御し，近

似解を求める手法をスケーリング法とよび，フロー費用をパラメータ化するスロープスケーリング法とアーク容量をパラメータ化する容量スケーリング法が示されている．

6.4.1 スロープスケーリング法

スロープスケーリング法 (slope scaling algorithm)[18] は，アークフローをもとにパラメータ化されたフロー費用を変化させて繰り返しフロー問題を解き，得られたフローをもとにデザイン変数を設定し，近似解を算出する方法である．

a. スロープスケーリング法

品種 k，アーク (i,j) に対するパラメータ ρ_{ij}^k をフロー費用に加えた次のような多品種フロー問題 $MCF(\rho)$ を作成する．

最小化 $\sum_{(i,j)\in A}\sum_{k\in K}(c_{ij}^k + \rho_{ij}^k)x_{ij}^k$

条件 $\sum_{i\in N_n^+} x_{in}^k - \sum_{j\in N_n^-} x_{nj}^k = d_n^k \quad \forall n \in N,\ k \in K$

$\sum_{k\in K} x_{ij}^k \leq C_{ij} \qquad\qquad \forall (i,j) \in A$

$x_{ij}^k \geq 0 \qquad\qquad\qquad\quad \forall (i,j) \in A,\ k \in K$

スロープスケーリング法では，ρ の値を変化させながら $MCF(\rho)$ を繰り返し解く．現在の繰り返し回数を l，l 回目の ρ を $\rho(l)$，$MCF(\rho)$ の最適解を $\tilde{x}$ とする．$\tilde{x}$ の値を反映して，次のように $\rho(l)$ を修正する．

a) $\rho_{ij}^k(1) := f_{ij}/C_{ij} \quad \forall (i,j) \in A,\ k \in K$

b) $\sum_{k\in K} \tilde{x}_{ij}^k > 0$ であれば，次式のようにデザイン費用を考慮したフロー費用となるように設定する．

$$\sum_{k\in K}(c_{ij}^k + \rho_{ij}^k(l))\tilde{x}_{ij}^k = \sum_{k\in K} c_{ij}^k \tilde{x}_{ij}^k + f_{ij}$$

c) $\sum_{k\in K} \tilde{x}_{ij}^k = 0$ であれば，$\rho(l)$ は $\rho(l-1)$ をそのまま使用する．

$\rho(l)(l \geq 2)$ についてまとめると，次式となる．

$$\rho_{ij}^k(l) = \begin{cases} \dfrac{f_{ij}}{\sum_{k\in K}\tilde{x}_{ij}^k} & if\ \tilde{x}_{ij}^k > 0 \\ \rho_{ij}^k(l-1) & otherwise \end{cases} \quad \forall (i,j) \in A,\ k \in K$$

次式のように，$\tilde{x}$ を用いて次のようにデザイン変数 $\tilde{y}$ を設定すれば，CND の実行可能解が求まる．

$$\tilde{y}_{ij} = \begin{cases} 1 & if \ \sum_{k \in K} \tilde{x}_{ij}^k > 0 \\ 0 & otherwise \end{cases} \quad \forall (i,j) \in A$$

また，CND の上界値は次式に代入することによって求めることができる．

$$\sum_{(i,j) \in A} \sum_{k \in K} c_{ij}^k \tilde{x}_{ij}^k + \sum_{(i,j) \in A} f_{ij} \tilde{y}_{ij}$$

スロープスケーリング法

[ステップ 1]　$l := 1$，$\rho_{ij}^k(1) := f_{ij}/C_{ij}((i,j) \in A, k \in K)$ とする．上界値を UB とし，$UB := \infty$，繰り返し回数を l_{max} とする．

[ステップ 2]　$MCF(\rho(l))$ を解き，$\tilde{x}$，$\tilde{y}$ を求める．

[ステップ 3]　$\tilde{x}$，$\tilde{y}$ より目的関数値 z を求め，$z < UB$ であれば $UB := z$ とする．

[ステップ 4]　$l := l+1$ とする．$\rho(l)$ を更新する．

[ステップ 5]　$l = l_{max}$ であれば終了し，そうでなければステップ 2 へ戻る．

---

b. Lagrange 摂動を用いたスロープスケーリング法

(6.1)〜(6.3) 式に対する Lagrange 乗数をそれぞれ v，$u(\geq 0)$，$w(\geq 0)$ とする．このとき，品種 k，アーク (i,j) に関する Lagrange 乗数の情報である **Lagrange 摂動** (Lagrangian perturbation) を次式で与える．

$$\Delta_{ij}^k = v_i^k - v_j^k + u_{ij} + w_{ij}^k \quad \forall (i,j) \in A, \ k \in K$$

Δ_{ij}^k は CND の線形緩和問題の被約費用から c_{ij}^k を引いたものに相当する．Δ_{ij}^k を求めるために，フロー制約式に関する緩和問題 LGF または容量制約に関する緩和問題 LGC を利用する．LGF では，y を Lagrange 緩和解に固定した多品種フロー問題を解き，(6.9)，(6.10) 式に対する双対変数値を u，w に用い，v は劣勾配法などで定める．一方，LGC では，x に関する品種 k ごとの品種の

始点・終点間の最小費用フロー問題において，v を始点から各ノードまでの最小費用とし，u, w は劣勾配法などで定める．

以上のように求めた Lagrange 摂動を用いて，$\rho(l)$ を次式のように更新する．

$$\rho_{ij}^k(l) = \begin{cases} \Delta_{ij}^k + \dfrac{f_{ij} - \sum_{(i,j) \in A} \Delta_{ij}^k \tilde{x}_{ij}^k}{\sum_{k \in K} \tilde{x}_{ij}^k} & if\ \tilde{x}_{ij}^k > 0 \\ \rho_{ij}^k(l-1) & otherwise \end{cases} \quad \forall (i,j) \in A,\ k \in K$$

全体的な解法の流れは，前述のスロープスケーリング法と同様である．

6.4.2 容量スケーリング法

a. 容量スケーリング法

容量スケーリング法 (capacity scaling algorithm)[15,51,77] は，線形緩和問題を解くことによって得られた解を用いてパラメータ化されたアーク容量を変化させることを繰り返し，得られたデザイン変数をもとに近似解を算出する方法である．

最適解におけるアークフロー量がわかっている場合，アーク容量をこのフロー量に変更しても，最適解，最適値ともに変化しない．もちろん，最適なフロー量を求めることは困難である．そこで，現在のフロー量が最適なフロー量であると想定して，アーク容量がアークフロー量に一致するように，アーク容量を変更する．しかし，アーク容量を大きく変更させると，最適と想定したアークフロー量自体が大きく変化してしまう．そこで，アークフロー量が大きく変化しないように，アーク容量を少しずつ変更する．

CND に対して，y に関する線形緩和問題 LR を作成する．LR において，繰り返しごとにアーク (i,j) の容量 C_{ij} を変化させる．繰り返し回数 l のときの仮のアーク容量を C_{ij}^l とすると，LR の l 回目の繰り返しにおける問題 LR_l は次のようになる．

最小化 $\sum_{(i,j) \in A} \sum_{k \in K} c_{ij}^k x_{ij}^k + \sum_{(i,j) \in A} f_{ij} y_{ij}$

条件 $\sum_{i \in N_n^+} x_{in}^k - \sum_{j \in N_n^-} x_{nj}^k = d_n^k \quad \forall n \in N,\ k \in K$

$\sum_{k \in K} x_{ij}^k \leq C_{ij}^l y_{ij} \quad \forall (i,j) \in A$

$$0 \leq x_{ij}^k \leq d^k y_{ij} \qquad \forall (i,j) \in A,\ k \in K$$
$$0 \leq y_{ij} \leq C_{ij}/C_{ij}^l \qquad \forall (i,j) \in A \qquad (6.13)$$

アーク (i,j) のアーク容量を C_{ij} から C_{ij}^l に変更しているため,アーク上のフロー量が本来のアーク容量 C_{ij} を超えないように,y_{ij} の範囲を (6.13) 式で補正している.

λ を $0 < \lambda < 1$ のパラメータとしたとき,アーク (i,j) 上の現在のフロー量 $\tilde{x}_{ij}$ と $l-1$ 回目のアーク (i,j) のアーク容量 C_{ij}^{l-1} を用いて,l 回目のアーク容量を次のように更新する.

$$C_{ij}^l := \lambda \tilde{x}_{ij} + (1-\lambda) C_{ij}^{l-1} \quad \forall (i,j) \in A$$

これは,l 回目のアーク容量を,現在のフロー量と $l-1$ 回目のアーク容量の間に設定することを意味する.λ によって,LR_l を解いた結果として得られるフロー量とアーク容量の急激な変化を制御している.

容量スケーリング法

[ステップ1] $C_{ij}^1 := C_{ij}((i,j) \in A)$,$l := 1$ とする.上界値を UB とし,$UB := \infty$ とする.繰り返し回数を l_{max},収束判定基準を ϵ,分枝限定法基準を α とする.

[ステップ2] LR_l を解き,最適解 $\tilde{y}$,$\tilde{x}$ を求める.$\epsilon \leq \tilde{y}_{ij} \leq 1-\epsilon$ を満たすアーク数を a とする.

[ステップ3] $l := l+1$ とする.$C_{ij}^l := \lambda \tilde{x}_{ij} + (1-\lambda) C_{ij}^{l-1}((i,j) \in A)$ とする.

[ステップ4] $a > \alpha$ であればステップ2へ戻る.そうでなければ,

$$\bar{y}_{ij} = \begin{cases} 0 & \text{if } \tilde{y}_{ij} < \epsilon \\ 1 & \text{if } \tilde{y}_{ij} > 1-\epsilon \qquad \forall (i,j) \in A \\ \text{free} & \text{otherwise} \end{cases}$$

として,一部のデザイン変数を0または1に固定した CND に対して分枝限定法を行い,目的関数値 z を求める.$z < UB$ であれば $UB := z$

とする.

[ステップ 5] $l \geq l_{max}$, かつ $UB \neq \infty$ であれば終了, そうでなければステップ 2 へ戻る.

ϵ はデザイン変数の収束判定基準であり, $\tilde{y}_{ij} < \epsilon$ であれば 0, $\tilde{y}_{ij} > 1 - \epsilon$ であれば 1 に収束したものとみなし, それ以外の収束していない変数の数を a で表す. もし, a が小さく, $a \leq \alpha$ となれば, 収束した変数を固定した問題に対して分枝限定法を行い, 近似解を算出する.

問題の規模が大きい場合, LR_l を繰り返し解くためには, 多くの時間が必要となる. また, α が小さい場合であっても, 分枝限定法によって実行可能解を求めるためには多くの時間が必要となる. そこで, 次の b. に示す列生成法と行生成法を併用することによって, 計算時間を短縮することができる.

b. 列生成法と行生成法

前述の容量スケーリング法では, 強制制約式である (6.3) 式を $O(|K||A|)$ 本, フロー変数を $O(|K||A|)$ 個も含む CND の線形緩和問題 LR_l を繰り返し解く必要があるため, 多くの計算時間を必要とする. そのため, LR_l に対してアークフローではなくパスフローを用いた定式化を用い, 必要なパスフローを逐次生成する**列生成法** (column generation algorithm) と必要な強制制約式を逐次生成する**行生成法** (row generation algorithm) を組み合せた解法[15] が示されている.

はじめに, LR_l のパスフローによる定式化を示す.

最小化 $\sum_{(i,j) \in A} \sum_{k \in K} c_{ij}^k \sum_{p \in P^k} \delta_{ij}^p z_p^k + \sum_{(i,j) \in A} f_{ij} y_{ij}$

条件 $\sum_{p \in P^k} z_p^k = d^k \qquad \forall k \in K$

$\sum_{k \in K} \sum_{p \in P^k} \delta_{ij}^p z_p^k \leq C_{ij}^l y_{ij} \qquad \forall (i,j) \in A$

$\sum_{p \in P^k} \delta_{ij}^p z_p^k \leq d^k y_{ij} \qquad \forall (i,j) \in A,\ k \in K$

$z_p^k \geq 0 \quad k \in K \qquad \forall p \in P^k$

$0 \leq y_{ij} \leq C_{ij}/C_{ij}^l \qquad \forall (i,j) \in A$

ここで, δ_{ij}^p はパス p がアーク (i,j) を通るとき 1, そうでないとき 0 を表す定

数，P^k は品種 k のとりうるパス集合，z_p^k は品種 k のパス p のフロー量を表すパスフロー変数である．

実際にはとりうるパスの数は非常に多いため，あらかじめすべてのパスを列挙しておくのではなく，逐次，必要なパスを生成する．生成するパスフロー変数が単体法の列に相当することから，このような方法を列生成法とよぶ．

品種 k の適当なパスの部分集合 $\bar{P}^k$ が求められているものとする．このとき，パス集合が $\bar{P}^k (k \in K)$ に制限されている次のような限定主問題 $RLR_l(\bar{P})$ を考える．

最小化 $\sum_{(i,j)\in A} \sum_{k\in K} c_{ij}^k \sum_{p\in \bar{P}^k} \delta_{ij}^p z_p^k + \sum_{(i,j)\in A} f_{ij} y_{ij}$

条件

$$\sum_{p\in \bar{P}^k} z_p^k = d^k \qquad \forall k \in K \tag{6.14}$$

$$\sum_{k\in K} \sum_{p\in \bar{P}^k} \delta_{ij}^p z_p^k \leq C_{ij}^l y_{ij} \qquad \forall (i,j) \in A \tag{6.15}$$

$$\sum_{p\in \bar{P}^k} \delta_{ij}^p z_p^k \leq d^k y_{ij} \qquad \forall (i,j) \in A,\ k \in K,$$

$$\qquad\qquad\qquad\qquad\qquad if\ \sum_{p\in \bar{P}^k} \Delta_{ij}^p > 0 \tag{6.16}$$

$$z_p^k \geq 0 \qquad p \in \bar{P}^k,\ k \in K$$

$$0 \leq y_{ij} \leq C_{ij}/C_{ij}^l \qquad \forall (i,j) \in A$$

ここで，Δ_{ij}^p はアーク (i,j) を通るパス p のパスフロー変数が生成されているときに 1，そうでないとき 0 である定数であり，(6.16) 式はアーク (i,j) を通る品種 k のパスフロー変数が生成されているときのみ存在する強制制約式である．この問題は線形計画問題であるため，パスの部分集合の要素数が比較的少なければ，汎用の数理最適化ソフトウエアを用いて比較的容易に解くことができる．

$RLR_l(\bar{P})$ は限定された問題であるため，逐次，必要なパスを生成しなければならない．$RLR_l(\bar{P})$ の最適な双対変数の値を用いた価格付け問題を解き，被約費用が負であるものが生成すべきパスとなる．このようなパスを生成して $\bar{P}^k$ に加えて，再度 $RLR_l(\bar{P})$ を解き直す．

(6.14)〜(6.16) 式に対する双対変数を $\boldsymbol{\pi},\ \boldsymbol{u}(\geq \boldsymbol{0}),\ \boldsymbol{w}(\geq \boldsymbol{0})$ とする．これらの双対変数の値は，$RLR_l(\bar{P})$ を最適に解くことにより求めることができる．このとき，パスフロー変数 z_p^k に関する被約費用は，

$$\sum_{(i,j)\in A}(c_{ij}^k + u_{ij} + w_{ij}^k)\delta_{ij}^p - \pi^k \quad \forall p \in P^k, \, k \in K$$

となる．$\sum_{(i,j)\in A}(c_{ij}^k + u_{ij} + w_{ij}^k)\delta_{ij}^p$ は，アークの長さを $c_{ij}^k + u_{ij} + w_{ij}^k$ としたときのパス p の長さとなる．

品種 $k(\in K)$ に対して，$\sum_{(i,j)\in A}(c_{ij}^k + u_{ij} + w_{ij}^k)\delta_{ij}^p - \pi^k$ が負であるパスを探索する必要がある．そこで，アーク $(i,j)(\in A)$ の長さを $c_{ij}^k + u_{ij} + w_{ij}^k$ とした品種 k に対する始点・終点間の最短路問題を解き，「最短路の長さ $-\pi^k$」が負であれば，この最短路が生成すべきパスとなる．

列生成法と行生成法

[ステップ1] 品種 $k(\in K)$ ごとに適当な初期パス集合を求め，$\bar{P}^k$ とする．初期パス集合 $\bar{P}^k(k \in K)$ に含まれるパス p 上のアーク (i,j) に対して $\Delta_{ij}^p := 1$ とし，それ以外を 0 とする．

[ステップ2] $RLR_l(\bar{P})$ を解き，$\boldsymbol{\pi}, \boldsymbol{u}, \boldsymbol{w}$ を求める．

[ステップ3] すべての品種 $k(\in K)$ に対して，以下の操作を行う．

(a) アーク $(i,j)(\in A)$ の長さを $c_{ij}^k + u_{ij} + w_{ij}^k$ とした最短路問題を解き，品種 k の始点・終点間の最短路の長さ sp^k を求める．

(b) $sp^k - \pi^k < 0$ であれば，このパス p を $\bar{P}^k$ に加え，パスフロー変数 z_p^k を生成し，$\Delta_{ij}^p := 1((i,j) \in p)$ とする．

$\sum_{p \in \bar{P}^k} \Delta_{ij}^p$ が 0 から正になれば，対応する強制制約式を生成し，追加する．

[ステップ4] 追加されたパスがあればステップ2へ戻る．そうでなければ終了する．

容量スケーリング法では，容量を変更して繰り返し線形緩和問題を解く．このため，二回目以降では，前回までに生成したパス集合を初期集合として利用できる．

6.5 タブー探索法

タブー探索法は，短期メモリと長期メモリを用いたメタヒューリスティック

スである．CND に対しても多くのタブー探索法が示されている．

6.5.1 単体法に基づくタブー探索法

単体法に基づくタブー探索法 (simplex-based tabu search algorithm)[17] は，単体法の基底変換を近傍探索に用いる方法である．ここでは，パスフローによる定式化を使用する．適当な実行可能なデザイン変数 $\bar{y}$ が求められているものとし，現在，生成されている品種 $k(\in K)$ のパス集合を $\bar{P}^k$ とする．ここで，デザイン変数を $\bar{y}$ に固定した次のような多品種フロー問題 $MCF(\bar{y})$ を考える．

最小化 $\quad \sum_{(i,j)\in A}\sum_{k\in K}c_{ij}^k\sum_{p\in \bar{P}^k}\delta_{ij}^p z_p^k + \sum_{(i,j)\in A}f_{ij}\bar{y}_{ij}$

条件 $\quad \sum_{p\in \bar{P}^k}z_p^k = d^k \qquad\qquad\qquad \forall k\in K \qquad (6.17)$

$\qquad\quad \sum_{k\in K}\sum_{p\in \bar{P}^k}\delta_{ij}^p z_p^k + s_{ij} = C_{ij}\bar{y}_{ij} \quad \forall (i,j)\in A \quad (6.18)$

$\qquad\quad z_p^k \geq 0 \qquad\qquad\qquad\qquad\qquad \forall p\in \bar{P}^k, k\in K \quad (6.19)$

$\qquad\quad s_{ij} \geq 0 \qquad\qquad\qquad\qquad\qquad \forall (i,j)\in A \qquad (6.20)$

ここで，s は容量制約式に対する非負のスラック変数である．あらかじめ，この問題を単体法を用いて解いておく．

このタブー探索法は局所探索と**多様化** (diversity) で構成され，それぞれ連続近傍と離散近傍を利用する．連続近傍は，ある品種に対して非基底であるパスフロー変数を基底に入れ，基底であるパスフロー変数を非基底に出すという単体法の基底変換による．一方，離散近傍は現在利用しているいくつかのアークを閉じるというものである．

新たに基底に入ったパスを一定期間，短期メモリに記憶する．現在の上界値を改善する場合を除いて，短期メモリに記憶されているパスの基底変換は行わない．また，端点を生成するために，次の線形化フロー問題 LZF を用いる．

最小化 $\quad \sum_{(i,j)\in A}\sum_{k\in K}\sum_{p\in \bar{P}^k}(c_{ij}^k + f_{ij}/C_{ij})\delta_{ij}^p z_p^k$

条件 $\quad (6.17)\sim (6.20)$

タブー探索法における局所探索の手順を示す．

局所探索

[ステップ1] 初期のパス集合を $\bar{P}$ とし，繰り返し回数を l_{local}，列生成数を l_{col} とする．最良値の上界値を UB_{best} とし，$UB_{best} := \infty$, $UB_{prev} := \infty$, $g := 0$ とする．適当な実行可能な $\bar{y}$ を求める．短期メモリを初期化する．

[ステップ2] $UB_{local} := \infty$ とし，ステップ3から7を繰り返す．UB_{local} を l_{local} 回の間改良しなければステップ8へ．

(近傍の探索と評価)

[ステップ3] 単体法を用いて，$MCF(\bar{y})$ を解く．すべての非基底パス p に対して，被約費用 $\bar{e}_p$ を計算する．

[ステップ4] すべての非基底パス p に対して，以下の操作を行う．

(a) 非基底パス p を基底に入れ，基底パス q が非基底となる基底変換 (p,q) を行い，パス p の値 α を求める．

(b) 基底変換 (p,q) によってアークフロー量が0から正となったアークのデザイン変数を1，正から0となったアークのデザイン変数を0とし，デザイン費用の変化量 $\beta_{pq}(\boldsymbol{y})$ を求める．

(c) デザイン費用を含めた基底変換 (p,q) による費用の変化量 $\Delta_{pq} = \bar{e}_p \alpha + \beta_{pq}(\bar{\boldsymbol{y}})$ を求める．

(基底変換)

[ステップ5] Δ_{pq} が最小となる基底変換 (p,q) を求める．この変換が UB_{best} を改善すれば，(p^*, q^*) とする．そうでなければ，短期メモリにより禁止されていない基底変換の中で，Δ_{pq} が最小の基底変換 (p,q) を選び，(p^*, q^*) とする．

[ステップ6] (p^*, q^*) に対応する基底変換を行い，目的関数値 z を求める．

[ステップ7] 基底に入ったパス p^* を一定期間，短期メモリに記憶する．長期メモリを更新する．$z \leq UB_{local}$ であれば $UB_{local} := z$ とし，$z \leq UB_{best}$ であれば $UB_{best} := z$ とする．

(列生成)

[ステップ8] $UB_{local} < UB_{prev}$ であれば，$UB_{prev} := UB_{local}$, $g := 0$

とする．そうでなければ $g := g+1$ とする．$g > l_{col}$ であれば，終了する．

[ステップ 9] 現在の基底を用いて，LZF における被約費用を求める．この被約費用を用いて LZF を解き，パスを生成し，$\bar{P}$ に加える．ステップ 2 へ戻る．

長期メモリ (long-term memory) には，アークが基底パスに含まれた期間と回数を使用する．これらの数値が大きなアークを含むネットワークはすでに十分な探索が行われてる可能性がある．そこで，数値が大きないくつかのアークを選んでネットワークから取り除くという離散近傍を用いて，多様化を行う．

単体法に基づくタブー探索法の全体の流れを示す．

単体法に基づくタブー探索法
[ステップ 1] 適当な初期解を求める．多様化回数を l_{div} とし，$l := 0$ とする．
[ステップ 2] 局所探索を行う．
[ステップ 3] $l = l_{div}$ であれば終了する．
[ステップ 4] 長期メモリを用いて，多様化を行う．$l := l+1$ とし，ステップ 2 へ戻る．

6.5.2 閉路に基づくタブー探索法

閉路に基づいたタブー探索法 (cycle based tabu search algorithm)[34] は，現在の実行可能解において，費用が負となる閉路を見つけ，閉路上のフローを流しかえるという近傍を用いたタブー探索法である．

FND や BND に対してはフォワード法やバックワード法といった一本のアークを加える，取り除くといった近傍探索が有効に機能する．しかし，CND には容量制約があるため，これらの近傍はうまく機能しない場合が多い[31]．このため，複数のアークの付加や削除を同時に行う近傍探索が必要となる．しかし，このような組合せの数は膨大なものとなるため，改善できる可能性のある近傍を効率的に探索しなければならない．

そこで，次のような閉路上のフローの流しかえによる近傍探索を行う．

a) ある二つのパス上にともに含まれる二つのノードを選択する．このとき，これら二つのパスは二つのノード間で閉路を形成する．
b) 少なくとも一つのアーク上のフローが0となるように，共通の二つのノード間の一つのパスから他のパスへフローを流しかえる．
c) 閉路内で，0フローとなったアークを取り除き，新たにフローが発生したアークを加える．

ここで，b) におけるフローの流しかえは，2.1.1項のプライマル法と同様に行うことができる．

適当な実行可能解 $\bar{y}$ が与えられたとき，

$$\Gamma(\bar{y}) = \Big\{\sum_{k \in K} x_{ij}^k > 0 | (i,j) \in A(\bar{y})\Big\}$$

とおく．ここで，$A(\bar{y})$ は $y_{ij} = 1$ であるアーク集合であり，$\Gamma(\bar{y})$ はこのネットワーク上の正のアークフロー量の値の集合である．

一方，A_γ を γ 単位のフローの変更ができるアークの集合とする．これは，少なくとも γ 単位の容量の残余があるか，γ 単位のフローがあるアークの集合である．また，閉路に沿って流しかえることができる最大量をこの閉路の残余容量とよぶ．適当な γ が与えられたとき，以下の操作を行う．

a) γ 単位の残余容量がある閉路の中で，費用の減少量の推計値が最大となる閉路を求める．
b) フローの流しかえと，それに伴うアークの削除と付加による費用の変化量を求める．

ネットワーク上のアーク (i,j) を高々二本のアーク $(i,j)^+$, $(i,j)^-$ に置き換えた γ 残余ネットワーク (γ-residual capacity) を作成する．アーク (i,j) 上に γ 単位のフローを追加して流すことができる，すなわち $\sum_{k \in K} x_{ij}^k + \gamma \leq C_{ij}$ であるとき，アーク $(i,j)^+$ を γ 残余ネットワークに加える．アーク $(i,j)^+$ の費用 c_{ij}^+ を次式で与える．

$$c_{ij}^+ = \begin{cases} \dfrac{\sum_{k \in K} c_{ij}^k}{|K|}\gamma + f_{ij} & if \ \sum_{k \in K} x_{ij}^k = 0 \\ \dfrac{\sum_{k \in K} c_{ij}^k}{|K|}\gamma & otherwise \end{cases}$$

この費用は，品種間の平均フロー費用を用いてフロー費用の変化量を推計し，現在取り除かれているアークであればデザイン費を加えた，γ 単位のフローを追加して流したときの費用の変化量の推定値である．

アーク (i,j) 上に γ 単位以上のフローが存在する，すなわち $\sum_{k \in K} x_{ij}^k \geq \gamma$ であるとき，アーク $(j,i)^-$ を γ 残余ネットワークに加える．アーク $(j,i)^-$ の費用 c_{ji}^- を次式で与える．

$$c_{ji}^- = \begin{cases} -\dfrac{\sum_{k \in K} c_{ij}^k x_{ij}^k}{\sum_{k \in K} x_{ij}^k}\gamma - f_{ij} & if \ \sum_{k \in K} x_{ij}^k = \gamma \\ -\dfrac{\sum_{k \in K} c_{ij}^k x_{ij}^k}{\sum_{k \in K} x_{ij}^k}\gamma & if \ \sum_{k \in K} x_{ij}^k > \gamma \end{cases}$$

この費用は，現在アークを通っているフロー費用の平均値を用いてフロー費用の変化量を推計し，フローが 0 となりアークが取り除かれればデザイン費を引いた，γ 単位のフローを取り除いたときの費用の変化量の推定値である．

このような γ 残余ネットワーク上で，費用が負となる閉路を見つけ，この負閉路に沿って γ 単位のフローを流しかえれば，改善できる解を得られることが期待できる．負閉路は，ラベル修正法などを用いて見つけることができる．

一方，適当な実行可能解 $\bar{y}$ が与えられたとき，

$$\Gamma^k(\bar{y}) = \{x_{ij}^k > 0 | (i,j) \in A(\bar{y})\} \quad \forall k \in K$$

とし，この $\Gamma^k(\bar{y})$ を用いて，品種 k ごとに γ 残余ネットワークを作成する．この品種 k ごとの γ 残余ネットワーク上で，品種 k のフローを γ 単位流しかえることによって近傍解を生成し，近傍探索を行う．この近傍探索を行う段階を強化フェーズとよぶ．

付加または削除されたアークを一定期間，短期メモリに記憶する．短期メモリに記憶されていないアークにより A_γ を構成して，タブー探索法を行う．

閉路に基づくタブー探索法

[ステップ1] 適当なフロー変数の初期解とデザイン変数の初期解 $\bar{y}$ を求める．この目的関数値を上界値 UB とする．強化フェーズパラメータを α とする．短期メモリを初期化する．

[ステップ2] $\Gamma(\bar{y})$ と短期メモリに含まれていない A_γ を求める．

[ステップ3] $\gamma(\in \Gamma(\bar{y}))$ に対して以下の操作を行う．
   (a) γ 残余ネットワークを作成する．
   (b) アーク $(i,j)(\in A_\gamma)$ に対して，最小費用の閉路 p を求める．

[ステップ4] 閉路 p において，γ 単位のフローを流しかえる．必要に応じてアークを削除・付加し，この解を $\bar{y}$ とする．

[ステップ5] 更新されたネットワーク上で，デザイン変数を $\bar{y}$ とした容量制約をもつ多品種フロー問題を厳密に解き，目的関数値 $\bar{z}$ を求める．

[ステップ6] ステップ4において変更されたアークを一定期間，短期メモリに記憶する．

[ステップ7] $(\bar{z}-UB)/UB \leq \alpha$ であれば，強化フェーズを行い，目的関数値 z' を求める．

[ステップ8] $\bar{z} < UB$ であれば $UB := \bar{z}$ とし，$z' < UB$ であれば $UB := z'$ とする．終了基準を満たせば終了する．そうでなければステップ2へ．

ステップ7において，γ 残余ネットワークを用いて得られた解が比較的よい解である場合に，強化フェーズを行っている．

図 6.5(a) にネットワークの例[34]を示す．始点を 1，終点を 6 とする需要 2 の一品種であり，数値はアークの (デザイン費用，フロー費用，アーク容量，フロー量) である．破線は，現在アークがないことを表す．図 6.5(b) に $\gamma=2$ である 2 残余ネットワークとアーク費用を示す．

負閉路は，費用が -9 である (2,4,5,3,2) と費用が -17 である (2,4,6,5,3,2) の二つである．(2,4,6,5,3,2) に沿って 2 単位を流しかえた場合，アーク (2,4)，(4,6) を加え，アーク (2,3)，(3,5)，(5,6) を取り除き，費用が 17 だけ減少する．

(デザイン費用,フロー費用,アーク容量,フロー量)
(a)　　　　　　　　　　　　(b)

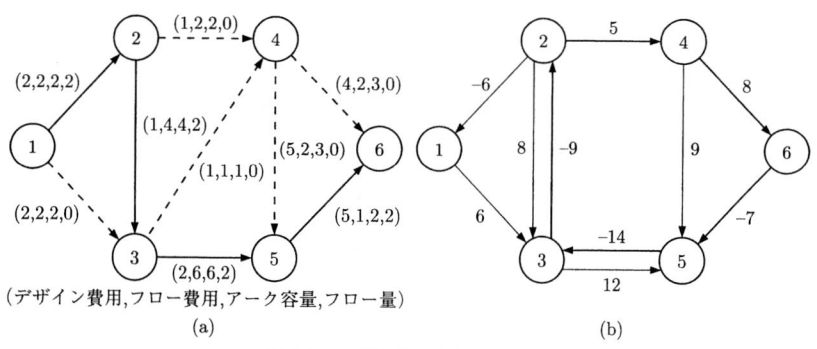

図 **6.5** γ 残余ネットワークの例

6.5.3 パス再結合法

参照解集合から初期解とガイド解を選び，これらの解から新たな解を生成していくメタヒューリスティクスを**パス再結合法** (path relinking algorithm)[35] (A.16 節参照) または**散布探索法** (scatter search algorithm)[6] とよぶ．

前項の閉路に基づいた近傍探索によって探索された解集合を S とし，S から参照解集合 R を選択する．選択方法としては，次のようなものが考えられる．

a) 各タブー探索のフェーズ内で最良解の集合
b) 最良解となったことのある解の集合
c) S の中の最良解を b とし，b との距離が平均値以上，すなわち $E_s^b > M$ である s の集合

ただし，

$$E_s^b = \sum_{(i,j) \in A} e_{ij} \qquad \forall s \in S$$

$$M = \frac{\sum_{s \in S \setminus \{b\}} E_s^b}{|S| - 1}$$

$$e_{ij} = \begin{cases} 0 & if\ y_{ij}^s = y_{ij}^b \\ 1 & otherwise \end{cases} \qquad \forall (i,j) \in A$$

である．ここで，y^s は解 s のデザイン変数，y^b は解 b のデザイン変数である．閉路に基づく近傍探索法では，デザイン変数 $\bar{y}$ に対して $\Gamma(\bar{y})$ と A_γ を定め，

γ 残余ネットワークを構築する．一方，パス再結合法では，強化フェーズと同じ $\Gamma^k(\bar{y})$ を利用し，ガイド解 s_g，初期解 s_i に関する次のアーク集合 A_γ^{gi} を変更の対象とする．

$$A_\gamma^{gi} = \{(i,j) \in A_\gamma | y_{ij}^{s_i} \neq y_{ij}^{s_g}\}$$

パス再結合法

[ステップ1] 参照解集合 R を設定する．

[ステップ2] 適当な選択方法にしたがって，初期解 $s_i(\in R)$ とガイド解 $s_g(\in R)$ を選ぶ．試行解 $s_t := s_i$ とし，s_i を R から取り除く．s_g と s_t の距離 $E_{s_g}^{s_t}$ を求める．

[ステップ3] s_t に対して，A_γ^{gt} を対象とした γ 残余ネットワークを用いて，閉路に基づいた近傍探索を行い，解を改善する．改善できる閉路がなければ，ステップ6へ．

[ステップ4] 改善されたデザイン変数を用いたネットワーク上で，容量制約をもつ多品種フロー問題を厳密に解き，この解を s_t とする．

[ステップ5] $E_{s_g}^{s_t} := E_{s_g}^{s_t} - 1$ とする．$E_{s_g}^{s_t} > 0$ かつ $s_t \neq s_g$ であれば，ステップ3へ戻る．

[ステップ6] 最良解または改善解が見つかれば，R に加える．R が空集合になれば終了，そうでなければステップ2へ戻る．

6.5.4 近似解法の比較

Crainic らのベンチマーク問題 (benchmark problem)[34,35] に対して，資源主導による分解ヒューリスティック，単体法に基づくタブー探索法，閉路に基づく近傍探索法，パス再結合法および容量スケーリング法によって求められた上界値を比較する．Crainic らのベンチマーク問題は C 型の問題と R 型の問題に分かれている．C 型の問題は，20～100 ノード，100～700 アーク，10～400 品種の問題である．デザイン費用レベルおよびアーク容量レベルはそれぞれ二種類に分類され，F はデザイン費用がフロー費用に比べて相対的に高い，V はデザイン費用が相対的に安い問題であり，T はアーク容量がきつい，L はアーク容量

表 6.1　近似解法の比較：C 型問題

ノード数	アーク数	品種数	デザイン費用/アーク容量	最適値/下界値	resource decomposition	simplex tabu	cycle tabu	path relinking	capacity scaling
25	100	10	VL	14,712	14,828	14,712	14,712	14,712	14,712
25	100	10	FL	14,941	20,182	15,889	14,941	14,941	15,037
25	100	10	FT	49,899	57,314	51,654	49,899	49,899	50,771
25	100	30	VT	365,272	382,923	365,272	365,385	365,385	365,272
25	100	30	FL	37,055	48,782	38,804	37,583	37,654	37,471
25	100	30	FT	85,530	99,896	86,445	86,296	86,428	85,801
20	230	40	VL	423,848	431,701	425,046	424,778	424,385	424,075
20	230	40	VT	371,475	404,638	371,816	371,893	371,811	371,906
20	230	40	FT	643,036	679,539	644,172	645,812	645,548	644,483
20	300	40	VL	429,398	447,235	429,912	429,535	429,398	429,398
20	300	40	FL	586,077	734,217	589,190	593,322	590,427	587,800
20	300	40	VT	464,509	481,738	464,509	464,724	464,509	464,569
20	300	40	FT	604,198	650,874	606,364	607,100	609,990	604,198
20	230	200	VL	92,598	164,770	122,592	98,995	100,404	94,247
20	230	200	FL	133,512	299,590	188,590	146,535	147,988	137,642
20	230	200	VT	97,344	204,486	118,057	104,752	104,689	97,968
20	230	200	FT	132,432	277,365	182,829	147,385	147,554	136,130
20	300	200	VL	73,759	168,510	88,398	80,819	78,184	74,913
20	300	200	FL	111,655	300,507	151,317	123,347	123,484	115,784
20	300	200	VT	74,984	162,044	82,724	79,619	78,867	75,302
20	300	200	FT	104,334	302,376	135,593	114,484	113,584	107,858

がゆるい問題であり，合計 43 問である．一方，R 型の問題は，10～20 ノード，25～300 アーク，10～200 品種の問題である．デザイン費用レベルおよびアーク容量レベルはそれぞれ三種類，合計九種類に分類され，合計 153 問である．

表 6.1 および表 6.2 に，C 型問題に対して CPLEX[*1)] によって直接求めた最適値 (最適値が求まらない場合は下界値) と，各解法によって求められた最良の目的関数値である上界値を示す．表 6.3 に，R 型問題に対する各解法 (資源主導による分解ヒューリスティックを除く) によって求められた上界値と，CPLEX によって直接求めた最適値 (最適値が求まらない場合は上界値) との九分類に対

[*1)] ILOG 社製の数理最適化ソフトウエアである．CND のベンチマーク問題に対して，規模の小さな問題では短時間で最適解を算出するが，規模の大きな問題では最適解はもとより，実行可能解を算出するまで多くの計算時間を必要とする．

表 6.2 近似解法の比較：C 型問題

ノード数	アーク数	品種数	デザイン費用/アーク容量	最適値/下界値	resource decomposition	simplex tabu	cycle tabu	path relinking	capacity scaling
100	400	10	VL	28,423	30,273	28,485	28,677	28,485	28,426
100	400	10	FL	23,949	45,188	24,912	23,949	24,022	24,459
100	400	10	FT	59,470	109,244	71,128	67,014	65,278	73,566
100	400	30	VT	384,560	407,085	385,185	385,508	384,926	384,883
100	400	30	FL	47,459	110,401	58,773	51,552	51,325	51,956
100	400	30	FT	127,825	226,054	149,282	145,144	141,359	144,314
30	520	100	VL	53,958	67,699	56,426	54,958	54,904	54,088
30	520	100	FL	91,285	221,188	104,117	99,586	102,054	94,801
30	520	100	VT	51,825	75,757	53,288	52,985	53,017	52,282
30	520	100	FT	94,646	185,746	107,894	105,523	106,130	98,839
30	700	100	VL	47,603	59,411	48,984	48,398	48,723	47,635
30	700	100	FL	58,772	114,603	65,356	62,471	63,091	60,194
30	700	100	VT	45,552	60,918	47,083	47,025	47,209	46,169
30	700	100	FT	54,233	97,023	58,804	57,886	56,576	55,359
30	520	400	VL	111,992	226,070	125,831	120,652	119,416	112,846
30	520	400	FL	146,809	389,636	177,409	161,098	163,112	149,446
30	520	400	VT	114,237	-	125,518	121,588	120,170	114,641
30	520	400	FT	150,009	336,248	174,526	167,939	163,675	152,744
30	700	400	VL	96,741	215,014	110,000	106,777	105,116	97,972
30	700	400	FL	130,724	387,566	165,484	148,950	145,026	135,064
30	700	400	VT	94,118	202,740	103,768	101,672	101,212	95,306
30	700	400	FT	127,666	375,586	150,919	142,778	141,013	130,148

表 6.3 近似解法の比較：R 型問題

アーク容量レベル	デザイン費用レベル	simplex tabu(%)	cycle tabu(%)	path relinking(%)	capacity scaling(%)
1	1	2.49	1.48	0.76	0.06
1	5	12.31	3.49	2.43	0.29
1	10	19.86	3.55	3.09	-0.14
2	1	2.21	1.31	0.78	0.09
2	5	9.16	3.68	2.64	0.28
2	10	14.45	4.27	3.04	0.26
8	1	2.96	1.74	1.15	0.33
8	5	6.33	4.14	3.23	0.72
8	10	8.60	4.40	4.11	0.66

する平均誤差[*2)]を示す．なお，容量スケーリング法の部分でマイナスとなっているのは，CPLEXによって直接求めた上界値よりもよい解が求められたことを表す．

C型問題に対しては，多くの問題で容量スケーリングが最良解を算出している．また，R型問題に対しても容量スケーリングが優れており，CPLEXによる解と0.72%以内の解を算出している．

[*2)] 誤差は「(上界値-CPLEXによる値)/CPLEXによる値」である．本来は下界値との比較であるが，文献[34, 35]の結果と比較するために，CPLEXによる最適値または上界値を用いている．

7 ハブネットワーク設計問題

　航空輸送や宅配便輸送のネットワークを設計する際には，ハブ空港やターミナル施設といったハブとなる施設の配置と，地方空港や地域の集配センターといった施設とハブとなる施設の接続路線を決定しなければならない．このような問題は，**ハブネットワーク設計問題**(hub network design problem；HND)とよばれる．前提条件によって HND は多くのモデルに分類できるが，基本的なものとして単一割当モデルと複数割当モデルがある．

　はじめに，他のネットワーク設計問題と HND の主な相違点を示す．

　a) ノードから決められた数のハブノードを選択する．
　b) すべてのハブノード間を相互に接続する．
　c) フロー費用のみを考慮し，デザイン費用を考慮しない．
　d) ハブノード間の輸送は幹線輸送となるため，フロー費用が割り引かれる．

ハブに選択されたノードを**ハブノード**(hub node)，ハブに選択されないノード

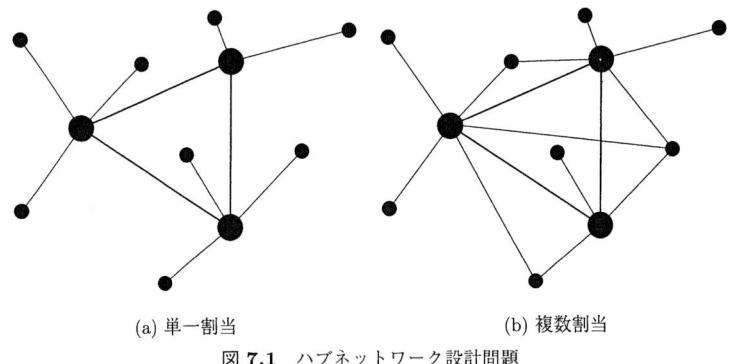

(a) 単一割当　　　　　　　　(b) 複数割当

図 **7.1** ハブネットワーク設計問題

を非ハブノード (non-hub node) とよぶ．また，他の章ではアークを加えるという表現を用いていることが多いが，この章ではノードを他のノードに接続するという表現を用いる．

単一割当ハブネットワーク設計問題 (single assignment hub network design problem; $SHND$) は，図 7.1(a) のように，非ハブノードが一つのハブノードに接続するモデルである．

> **(単一割当ハブネットワーク設計問題 $SHND$)** ノード集合 N，ノード対間 $N \times N$ のフロー費用 c，需要 d をもつ品種集合 K，ハブノード間のフロー費用の割引係数 α が与えられている．ノード集合から p 個のハブノードを選択し，ハブノード間を相互に接続し，すべての非ハブノードを一つのハブノードに接続する．このとき，フロー費用の合計を最小にするハブノード集合 $H(\subset N)$，および非ハブノード・ハブノード間の接続を求めよ．

複数割当ハブネットワーク設計問題 (multiple assignment hub network design problem; $MHND$) は，図 7.1(b) のように，非ハブノードが任意の数のハブノードに接続できるモデルである．

> **(複数割当ハブネットワーク設計問題 $MHND$)** ノード集合 N，ノード対間 $N \times N$ のフロー費用 c，需要 d をもつ品種集合 K，ハブノード間のフロー費用の割引係数 α が与えられている．ノード集合から p 個のハブノードを選択し，ハブノード間を相互に接続し，すべての非ハブノードを任意の数のハブノードに接続する．このとき，フロー費用の合計を最小にするハブノード集合 $H(\subset N)$，および非ハブノード・ハブノード間の接続を求めよ．

$SHND$ や $MHND$ ではすべてのハブノード間が相互に接続されているため，始点・終点間のパスは最大で二つのハブノードを経由する．このため，これらの問題を **2 ストップ問題** (2-stop problem) とよぶ．一方，ハブノードの経由回数が最大で一回に制限する問題を 1 ストップ問題とよぶ．

● 7.1 ● *HND* の定式化 ●

HND は，2次項を用いてハブノード間のフロー費用を表現した特殊な2次割当問題として定式化することができる．また，フロー変数を用いると線形の組合せ最適化問題として定式化することができる．

7.1.1 *SHND* の定式化

非ハブノード i とハブノード h 間の単位当たりのフロー費用を品種に対して共通の c_{ih} とし，$c_{ih} = c_{hi}$ とする．ただし，ノード h, m がともにハブノードであるとき，ハブノード間のフロー費用は**割引係数** (discount factor) $\alpha(0 \leq \alpha \leq 1)$ によって割り引かれ，単位当たりのフロー費用は αc_{hm} となる．また，ノード間のフロー費用は三角不等式 $c_{ij} \leq c_{ih} + c_{hj}(i, h, j \in N)$ を満足するものとする．

非ハブノード i をハブノード h に接続するときに1，そうでないとき0であるデザイン変数を y_{ih} とする．y_{ih} はアーク (i,h) のデザイン変数に相当する．y_{hh} は**ハブノード変数** (hub node variable) として扱い，ノード h がハブノードに選択されたとき1，そうでないとき0となる変数である．ここで，ハブノード間のデザイン変数は常に0であることに注意する．品種の需要はすべての二つのノード間に存在し，ノード i を始点，ノード j を終点とする品種の需要を d^{ij} とする．

このとき，*SHND* の定式化[73]は次のようになる．

最小化 $\sum_{i \in N} \sum_{j \in N} d^{ij} \left(\sum_{h \in N} c_{ih} y_{ih} + \alpha \sum_{h \in N} \sum_{m \in N} c_{hm} y_{ih} y_{jm} \right.$
$\left. + \sum_{m \in N} c_{jm} y_{jm} \right)$

条件 $\sum_{h \in N} y_{hh} = p$ (7.1)

$\sum_{i \in N} y_{ih} \leq (|N| - p + 1) y_{hh} \quad \forall h \in N$ (7.2)

$\sum_{h \in N} y_{ih} = 1 \quad \forall i \in N$ (7.3)

$y_{ij} \in \{0,1\} \quad \forall i \in N, j \in N$

目的関数の第一項と第三項は非ハブノードとハブノード間のフロー費用，第二

項はハブノード間のフロー費用であり，これらの和を最小化する．ハブノード (h,m) 間のフローは，h と m がともにハブノードに選択され，これらのハブノードに非ハブノードを接続したときにのみに発生する．このため，ハブノード間のフロー費用は 2 次項 $y_{ih}y_{jm}$ を用いて表現できる．(7.1) 式は，ハブノードの合計が p 個であることを表す．(7.2) 式は，ノード h がハブノードであるときに，h 以外のハブノードを除く最大 $|N|-(p-1)$ 個のノードに接続することができ，そうでないときは接続するノードが 0 個となることを表す．(7.3) 式は，ノード i がハブノードである場合を含めて，i が接続するハブノードは一つであることを表す．ハブノード間の割引を考慮したフロー費用を表現するため，この定式化の目的関数には 2 次項を含んでいる．このことから，この定式化は **2 次による定式化** (quadratic formulation) とよばれる．

ノード i を始点，j を終点とする品種がハブノード h と m を経由する，すなわちパス (i,h,m,j) 上を通る比率を表すパスフロー変数を z_{hm}^{ij}，パス (i,h,m,j) の単位当たりのフロー費用を c_{hm}^{ij} とする．ここで，$c_{hm}^{ij} = c_{ih} + \alpha c_{hm} + c_{jm}$ である．このようなパスフロー変数とパスフロー費用を用いると，次のような 2 次項を含まない定式化を行うことができる．

最小化 $\sum_{i \in N} \sum_{j \in N} \sum_{h \in N} \sum_{m \in N} d^{ij} c_{hm}^{ij} z_{hm}^{ij}$

条件 $\sum_{h \in N} y_{hh} = p$

$\sum_{h \in N} y_{ih} = 1 \quad \forall i \in N$

$y_{ih} \leq y_{hh} \quad \forall i \in N,\ h \in N$ \hfill (7.4)

$\sum_{m \in N} z_{hm}^{ij} = y_{ih} \quad \forall i \in N,\ j \in N,\ h \in N$ \hfill (7.5)

$\sum_{h \in N} z_{hm}^{ij} = y_{jm} \quad \forall i \in N,\ j \in N,\ m \in N$ \hfill (7.6)

$y_{ih} \in \{0,1\} \quad \forall i \in N,\ h \in N$

$z_{hm}^{ij} \geq 0 \quad \forall i \in N,\ j \in N,\ h \in N,\ m \in N$

目的関数は各パスのフロー費用の総和であり，これを最小化する．(7.4) 式は，h がハブノードのときのみ，h に他のノードを接続できることを表す．(7.5) 式は，ハブノード h とこれに接続するハブノード間を通る i,j 間の品種のフロー

比率の合計が，ノード i がハブノード h に接続するとき 1，そうでないときは 0 であることを表す．(7.6) 式は，ハブノード m とこれに接続するハブノード間を通る i, j 間の品種のフロー比率の合計が，ノード j がハブノード m に接続するとき 1，そうでないときは 0 であることを表す．

この定式化は 2 次項を用いない定式化であるため，**線形計画による定式化** (linear programming formulation) とよばれる．

7.1.2 MHND の定式化

$MHND$ では非ハブノードとハブノードの接続数は任意ではあるが，ハブ数は p 個であるため，接続数の最大値は p となる．したがって，$MHND$ の 2 次による定式化は (7.3) 式を次式で置き換えたものとなる．

$$\sum_{h \in N} y_{ih} \leq p \quad \forall i \in N$$

一方，パスフロー変数とハブノード変数を用いると，$MHND$ の線形計画による定式化[82]は次のようになる．

最小化 $\sum_{i \in N} \sum_{j \in N} \sum_{h \in N} \sum_{m \in N} d^{ij} c_{hm}^{ij} z_{hm}^{ij}$

条件
$$\sum_{h \in N} s_h = p \tag{7.7}$$

$$\sum_{h \in N} \sum_{m \in N} z_{hm}^{ij} = 1 \quad \forall i \in N, j \in N \tag{7.8}$$

$$\sum_{m \in N} z_{hm}^{ij} \leq s_h \quad \forall i \in N, j \in N, h \in N \tag{7.9}$$

$$\sum_{h \in N} z_{hm}^{ij} \leq s_m \quad \forall i \in N, j \in N, m \in N \tag{7.10}$$

$$s_h \in \{0,1\} \quad \forall h \in N$$

$$z_{hm}^{ij} \geq 0 \quad \forall i \in N, j \in N, h \in N, m \in N$$

ここで，s_h は，ノード h がハブノードであるとき 1，そうでないとき 0 であるハブノード変数である．

目的関数は各パスのフロー費用の総和であり，これを最小化する．(7.7) 式は，ハブノード数が p 個であることを示す．(7.8) 式は，各品種の始点・終点間のフロー比率の合計が 1 であることを表す．(7.9) 式は，ハブノード h とこれ

に接続するハブノード間を通る i, j 間の品種のフロー比率の合計が，ノード h がハブノードのとき最大で 1，そうでないときは 0 であることを表す．(7.10) 式は，ハブノード m とこれに接続するハブノード間を通る i, j 間の品種のフロー比率の合計が，ノード m がハブノードのとき最大で 1，そうでないときは 0 であることを表す．

$MHND$ では，p 個のハブノードが選択されたとき，以下の手順で非ハブノードとハブノードの最適な接続を決めることができる．

a) すべてのハブノード間，すべての非ハブノード・ハブノード間をフロー費用を長さとしたアークで接続したネットワーク上で，各品種の始点・終点間の最短路を求める．
b) 求めた最短路上を各品種の需要が通る．
c) フロー量が正であるアークに対応する非ハブノードとハブノードを接続する．

この手順によって，ハブノード選択に対する最適な非ハブノード・ハブノード間の接続とフローを求めることができるため，どの p 個のハブノードを選択するかが決定すべき変数となる．

一方，$SHND$ では，p 個のハブノードが選択されたときでも，最適な非ハブノード・ハブノード間の接続を求めること自体が難しい問題となる．このため，ハブノード選択に対する目的関数値を厳密に評価することはそれほど容易なことではない．

$MHND$ は，$SHND$ における非ハブノードとハブノード間の接続数が一つであるという条件を，p 個以下であるという条件に緩和した問題となる．したがって，$MHND$ は $SHND$ の緩和問題であり，$MHND$ の最適値は $SHND$ の下界値となる．

● 7.2 ● *SHND* の計算複雑性 ●

計算複雑性の面において，ハブノード数が二個である 2 ハブノードの単一割当問題が $\mathcal{P}$ である[84]ことを示す．$|N|$ 個のノードから二個のハブノードを選ぶ組合せの数は $O(|N|^2)$ である．そこで，$H = \{1, 2\}$，すなわちノード 1 と 2 がハブ

ノード，ノード 3 以降が非ハブノードである 2 ハブ単一割当問題 $2SHND$ に限定して考える．需要 d^{ij} は $i<j$ であるノード間だけに発生し，$d^{ij}=0(i\geq j)$ とする．

このとき，$2SHND$ は次のように定式化することができる．

最小化 $\sum_{i\in N}\sum_{j\in N,i<j}\sum_{h\in H}d^{ij}c_{ih}y_{ih}$
$\qquad +\alpha c_{12}\sum_{i\in N}\sum_{j\in N,i<j}d^{ij}(y_{i1}y_{j2}+y_{i2}y_{j1})$
$\qquad +\sum_{i\in N}\sum_{j\in N,j<i}\sum_{m\in H}d^{ji}c_{im}y_{im}$

条件 $\quad y_{11}=y_{22}=1 \qquad\qquad\qquad\qquad\qquad (7.11)$

$\qquad y_{i1}+y_{i2}=1 \quad \forall i\in N \qquad\qquad\qquad (7.12)$

$\qquad y_{ih}\in\{0,1\} \quad \forall i\in N\backslash H,\ h\in H \qquad (7.13)$

目的関数の第一項と第三項は非ハブノードとハブノード間のフロー費用，第二項はハブノード間のフロー費用である．これは 2 次による定式化であるが，(7.1)式の代わりに (7.11) 式を用い，(7.2) 式は省略してある．

ここで，w_{ij} をノード i とノード j が異なるハブノードに接続したとき 1，そうでないとき 0 である 0–1 変数とし，次のように表す．

$$w_{ij}=y_{i1}y_{j2}+y_{i2}y_{j1} \quad \forall i\in N,\ j\in N,\ i<j$$

さらに，次の制約式を追加する．

$$y_{i1}-y_{j1}\leq w_{ij},\quad -y_{i1}+y_{j1}\leq w_{ij} \quad \forall i\in N,\ j\in N,\ i<j \quad (7.14)$$

この制約式は，すべての組合せに対して成り立つため，妥当不等式となる．

ここで，

$$v_i=\sum_{j\in N,i<j}d^{ij}+\sum_{j\in N,j<i}d^{ji} \quad \forall i\in N$$

とおくと，$2SHND$ は次のような 2 次項を含まない問題に整理できる．

最小化 $\sum_{i\in N}\sum_{h\in H}v_i c_{ih}y_{ih}+\alpha c_{12}\sum_{i\in N}\sum_{j\in N,i<j}d^{ij}w_{ij}$

条件 (7.11)〜(7.14)

7.2 $SHND$ の計算複雑性

さらに，この定式化の 0–1 条件に関する線形緩和問題を $2SHNDL$ とおく．

$\boldsymbol{u} = (\boldsymbol{y}, \boldsymbol{w})$ を $2SHNDL$ の実行可能な小数解を含む端点とする．はじめに，y_{l1} と $y_{l2}(l \geq 3)$ が小数値をとるものとする．ϵ を微小な正数とし，$\boldsymbol{u}^1 = (\boldsymbol{y}^1, \boldsymbol{w}^1)$ を次のように定義する．

$$y_{i1}^1 = \begin{cases} y_{i1} + \epsilon & if\ i = l \\ y_{i1} & otherwise \end{cases} \quad \forall i \in N$$

$$y_{i2}^1 = \begin{cases} y_{i2} - \epsilon & if\ i = l \\ y_{i2} & otherwise \end{cases} \quad \forall i \in N$$

$$w_{ij}^1 = \begin{cases} w_{ij} + \epsilon & if\ y_{i1} > y_{j1}, y_{i1} - y_{j1} = w_{ij}, i = l \\ & or\ y_{i1} < y_{j1}, y_{j1} - y_{i1} = w_{ij}, j = l \\ w_{ij} - \epsilon & if\ y_{i1} < y_{j1}, y_{j1} - y_{i1} = w_{ij}, i = l \\ & or\ y_{i1} > y_{j1}, y_{i1} - y_{j1} = w_{ij}, j = l \\ w_{ij} & otherwise \quad\quad \forall i \in N,\ j \in N,\ i < j \end{cases}$$

同様に，ϵ の $\pm$ の符号を逆にした解を $\boldsymbol{u}^2 = (\boldsymbol{y}^2, \boldsymbol{w}^2)$ とおく．$\boldsymbol{u}^1$ と $\boldsymbol{u}^2$ は (7.12) 式および (7.14) 式を満足しているため実行可能解である．また，$\boldsymbol{u} = (\boldsymbol{u}^1 + \boldsymbol{u}^2)/2$ が成り立つため，$\boldsymbol{u}$ は $\boldsymbol{u}^1$ と $\boldsymbol{u}^2$ の線分上にある．これは $\boldsymbol{u}$ が端点であることに矛盾する．

次に，w_{lm} が小数値をとるものとする．このとき，$y_{l1} - y_{m1}$ と $-y_{l1} + y_{m1}$ は整数値をとるため，次式が成り立つ．

$$y_{l1} - y_{m1} < w_{lm}, \quad -y_{l1} + y_{m1} < w_{lm}$$

$\boldsymbol{u}^1 = (\boldsymbol{y}^1, \boldsymbol{w}^1)$ を $w_{lm}^1 = w_{lm} + \epsilon$ 以外は $\boldsymbol{u}$ と等しい解，$\boldsymbol{u}^2 = (\boldsymbol{y}^2, \boldsymbol{w}^2)$ を $w_{lm}^2 = w_{lm} - \epsilon$ 以外は $\boldsymbol{u}$ と等しい解とする．明らかに，$\boldsymbol{u}^1$, $\boldsymbol{u}^2$ は実行可能解であり，かつ $\boldsymbol{u} = (\boldsymbol{u}^1 + \boldsymbol{u}^2)/2$ が成り立つ．これは $\boldsymbol{u}$ が端点であることに矛盾する．

以上のことから，$2SHNDL$ のすべての端点は整数値となる．したがって，$2SHND$ は線形計画問題に帰着され，$\mathcal{P}$ となる．

一方,k端末切断問題 ($k \geq 3$) は $\mathcal{NP}$ 完全[21]である.また,任意のk端末切断問題の問題例がk個のハブノードをもつ単一割当ハブネットワーク設計問題に変換できることが示されており,ハブノード数が三つ以上の$SHND$は$\mathcal{NP}$完全[85]となる.

●7.3● 近 似 解 法 ●

$MHND$はハブノードを選択する問題に帰着される.一方,$SHND$はハブノード選択に加え,非ハブノードとハブノードの接続を決める問題となる.ハブノードを選択する部分の解法は,$MHND$と$SHND$に共通に適用できる.

7.3.1 列 挙 法

最も単純なハブノードの選択法は,すべてのハブノードの組合せを列挙し,それぞれの目的関数値を評価し,これらの組合せの中の最良の解を求める**列挙法** (enumeration algorithm) である.ハブノードの組合せの数は $_{|N|}C_p$ 個であるため,ノード数が比較的少ない場合は全列挙が可能である.

$MHND$の場合,アークの長さをフロー費用とした最短路問題を解けば,選択したハブノードと非ハブノードとの適切な接続が決まる.一方,$SHND$の場合,選択したハブノードと非ハブノードとの接続を決める必要がある.そこで,ハブノードを選択した後,非ハブノードを最も近い(フロー費用が最小の)ハブノードに接続する.この解法を**最近ハブ割当法** (nearest hub allocation algorithm)[73]とよぶ.この最近ハブ割当によって求めたフロー費用は,$\alpha = 0$の場合には最適解となるが,一般的な場合には最適値の3倍以下となる[42].

非ハブノードを一番目と二番目に近いハブノードに割り当て,これらの組合せの中の最良解を求め,これを$SHND$のデザイン変数の解とする方法を**第一・第二ハブ割当法** (first or second hub allocation algorithm)[73]とよぶ.この割当法では,最近ハブ割当よりもよい解を算出できるが,たとえば10ノード,4ハブノードの小さな問題でも $210 \times 64 = 13440$ 個の組合せがあり,大規模な問題に適用することは困難となる.

7.3.2 貪欲法

$MHND$ に対する貪欲法は,二つのハブノードからはじめ,逐次,貪欲的にハブノードを追加していき,p 個のハブノードを選定する方法である.

はじめに,列挙法を用いて,二つのハブノードを定める.続いて,それぞれの非ハブノードについて,非ハブノードをハブノードに変更した場合のフロー費用の減少量を調べ,減少量が最大のものをハブノードに変更する.ハブノード数が p 個になるまで,この操作を繰り返す.

貪欲法

[ステップ 1] 列挙法を用いて,二つのハブノードを選択する.

[ステップ 2] すべての非ハブノードに対して,このノードをハブノードとしたときのフロー費用の減少量を求める.減少量が最大の非ハブノードをハブノードとする.

[ステップ 3] ハブ数が p 個になれば,終了する.そうでなければ,ステップ 2 へ戻る.

7.3.3 単一交換法

p 個のハブノードを選択した後に,一つの非ハブノードをハブノードに,一つのハブノードを非ハブノードにするという近傍を用いた局所探索法を**単一交換法** (single exchange heuristic)[57] とよぶ.

現在,非ハブであるノードを q,ハブであるノードを r とし,この間の単一交換を (q,r) と表す.単一交換 (q,r) によるフロー費用の減少量 Δ_{qr} は,次式で計算できる.

$$\Delta_{qr} = \sum_{\{i \in N | y_{ir}=1\}} \{O^i(c_{ir} - c_{iq}) + D^i(c_{ri} - c_{qi})\}$$
$$+ \alpha \sum_{h \in N \setminus \{r\}} \{f_{rh}(c_{rh} - c_{qh}) + f_{hr}(c_{hr} - c_{hq})\} \quad (7.15)$$

ここで,f_{rh} はハブノード r とハブノード h 間のフロー量であり,

$$f_{rh} = \sum_{\{i \in N | y_{ir}=1\}} \sum_{\{j \in N | y_{jh}=1\}} d^{ij} \quad \forall r \in N, h \in N$$

である.また,O^i はノードiを始点とする品種の需要の合計,すなわち $O^i = \sum_{j \in N} d^{ij}$ であり,D^i はノードiを終点とする品種の需要の合計,$D^i = \sum_{j \in N} d^{ji}$ である.(7.15) 式の第一項は非ハブノードとハブノード間のフロー費用の減少量,第二項はハブノード間のフロー費用の減少量を表す.

すべての (q,r) の組合せに対して減少量 Δ_{qr} を求め,この値が最大となる交換を行う.減少量が正である交換がなくなるまで繰り返す.

単一交換法

[ステップ1] $O^i + D^i (i \in N)$ の大きい順に p 個のハブノードを選択する.

[ステップ2] すべて非ハブノード q とハブノード r の交換 (q,r) に対して,減少量 Δ_{qr} を計算する.

[ステップ3] Δ_{qr} が最大である交換を (q^*, r^*) とする.$\Delta_{q^*r^*} > 0$ であれは,この交換を行う.そうでなければ終了する.

[ステップ4] すべての非ハブノードをハブノードに接続し直す.ステップ2へ戻る.

ステップ4で,非ハブノードとハブノードの接続を決める必要があるが,$SHND$ の場合は次項で示す複数基準割当法などを用いることができる.

一方,二つの非ハブノードと二つのハブノードを交換するという近傍を用いた局所探索法を**複数交換法** (double exchange heuristic)[57] とよぶ.この複数交換によるフロー費用の減少量も (7.15) 式と同様に求めることができる.また,貪欲法と交換法を組み合せた解法を**貪欲交換法** (greedy-interchange heuristic) とよぶ.

7.3.4 複数基準割当法

$SHND$ では,非ハブノードをハブノードに接続しなければならない.そこで,非ハブノードとハブノード間のフロー費用とフロー量の二つを評価基準として,非ハブノードとハブノード間の接続を決定する.

w_1 と w_2 を $w_1 + w_2 = 1$ である適当な重みとする.非ハブノード $i (\in N \backslash H)$

について,ハブノード h に対するフロー費用の評価基準を

$$D_{ih} = \frac{\min_{m \in N} c_{im}}{c_{ih}} \quad \forall h \in H$$

とする.また,フロー量の評価基準を

$$T_{ih} = \frac{\min_{m \in N} \sum_{\{j \in N | y_{jm}=1\}} (d^{ij} + d^{ji})}{\sum_{\{j \in N | y_{jh}=1\}} (d^{ij} + d^{ji})} \quad \forall h \in H$$

とする.全体としての基準を

$$G_{ih} = w_1 D_{ih} + w_2 T_{ih}$$

とする.**複数基準割当法** (multi-criteria assignment heuristic)[57] は,この基準値と局所探索を組み合せて,非ハブノードとハブノードの接続を求める方法である.

複数基準割当法

[ステップ1] 適当な p 個のハブノードを選択する.ハブノード集合を H とする.最近ハブ割当法などによって,非ハブノードをハブノードに接続する.

[ステップ2] 非ハブノード $i(\in N\backslash H)$ とハブノード $h(\in H)$ のすべての組合せに対して,G_{ih} を計算する.

[ステップ3] すべての非ハブノード i に対して,$G_{ih}(h \in H)$ が最大となるハブを l_i とし,i を l_i に接続する.

[ステップ4] すべての非ハブノード i に対して,以下の操作を行う.
  (a) i をすべてのハブノード $h(\in H\backslash\{l_i\})$ に接続し直したときの費用の減少量 δ_h^i を計算する.
  (b) δ_h^i が最大となる非ハブノードを i^*,ハブノードを h^* とする.

[ステップ5] $\delta_{h^*}^{i^*} > 0$ であれば,$l_{i^*} := h^*$ とし,ステップ4に戻る.そうでなければ終了する.

ステップ4の減少量 δ_h^i は次式で求めることができる.

$$\delta_h^i = O^i(c_{il_i} - c_{ih}) + D^i(c_{l_i i} - c_{hi})$$
$$+ \alpha \sum_{m \in H} \sum_{\{j \in H | y_{jm}=1\}} \{d^{ij}(c_{l_i m} - c_{hm}) + d^{ji}(c_{ml_i} - c_{mh})\}$$

7.3.5 最大フロー法と割当フロー法

$MHND$ の解において，非ハブノード i が接続しているハブノードの集合を H_i とする．ノード i をハブノード h に接続したとき，ノード i とハブノード h の間のフロー量 x_{ih} は次式で与えられる．

$$x_{ih} = \sum_{j \in N} \sum_{m \in N} d^{ij} z_{hm}^{ij} + \sum_{j \in N} \sum_{m \in N} d^{ji} z_{mh}^{ji} \quad \forall i \in N, \ h \in N$$

ここで，$d^{ij} z_{hm}^{ij}$ は現在の解におけるパス (i, h, m, j) 上のフロー量を表す．そこで，$x_{ih^*} \geq x_{ih} (h \in H_i)$，すなわち H_i の中で最大のフロー量をもつハブノード h^* にノード i を接続し，これを $SHND$ のデザイン変数の解とする．このような方法を**最大フロー法** (MAXFLO algorithm)[13] とよぶ．

一方，ノード $i (\in N \setminus H)$ について，H_i に含まれるすべてのハブノードに非ハブノードを接続して，その組合せの中で最良の接続を求める方法を**割当フロー法** (ALLFLO algorithm)[13] とよぶ．ただし，この方法では，評価する解の数の組合せは $\prod_{i \in N \setminus H} |H_i|$ となり，ノード数が大きな問題では膨大な計算量となる．

7.3.6 アニーリング法

$SHND$ に対していくつかの**アニーリング法** (annealing algorithm ; A.14 節参照) が示されているが，ここでは Ernst–Krishnamoorthy[23] による方法を示す．

同じハブノードに接続するノードの集合を**クラスター** (cluster) とよぶ．$SHND$ では p 個のクラスターが存在する．近傍として次の三つを考える．

a) $Swap$: 非ハブノードをランダムに選択し，異なるクラスターへ割り当てる．

b) $Move$: ハブノードをランダムに選択する．同一のクラスター内の他の非ハブノードをランダムに選びハブノードにする．

c) $SpecialMove$: クラスターに一つのノードのみが含まれるとき，すな

わち，クラスターがハブノードのみであるとき，このハブノードに対して，次のような交換をする．
- クラスターをランダムに選択し，このクラスターへハブノードを非ハブノードとして割り当てる．
- このクラスター内の非ハブノードをランダムに選択して取り出し，ハブノードにする．

アニーリング法の中で，適当な比率で $Swap$ と $Move$ を繰り返す．なお，$SpecialMove$ は局所解から脱出できない場合に利用する．全体的な流れは一般的なアニーリング法と同じであるが，いくつかのポイントを示しておく．

a) 温度 (temperature) を初期化して，アニーリングを複数回繰り返す．これを再加熱とよぶ．
b) r 回目の再加熱における初期温度 θ_r は，$\theta_r = \max(\theta_{r-1}/2, \tilde{\theta})$ などと設定する．ここで，$\tilde{\theta}$ は今までの最良解が求められた温度である．
c) 初期の $Swap$ と $Move$ の比率を 0.4 対 0.6 とし，再加熱ごとに $Swap$ の比率を 0.05 ずつ増加させる．

HND に対するベンチマーク問題として用いられる **CAB** (civil aeronautics board) のデータ[23)] に対して，このアニーリング法により一問を除き最適解を求めることができる．

7.3.7 タブー探索法

メタヒューリスティクスの一つであるタブー探索法が $SHND$ にも適用されている．ここでは，Skorin–Kapov によるタブー探索法[81)] を示す．

近傍として，一つの非ハブノードをハブノードとし，一つのハブノードを非ハブノードとする単一交換を用いる．現在，非ハブノードであるノードを q, ハブであるノードを r とし，この間の単一交換を (q, r) と表す．単一交換によってハブノードが確定した後，非ハブノードごとにハブノードとの接続を求め直す．ハブノードの単一交換およびハブ接続の変更の両方にタブー探索法を用いる．

短期メモリとして，M_{loc} と M_{alloc} を用いる．M_{loc} はハブノードの選択に用い，交換したハブノードを一定期間，短期メモリに記憶する．M_{alloc} は非ハブノードとハブノードの接続に用い，新たに接続したハブノードを一定期間，短

期メモリに記憶する．

長期メモリは，再スタートにおける初期解を生成するために使用する．長期メモリには，ノードがハブノードに選択された回数を記憶する．F_i をノード i がハブノードに選択された回数すると，適当な周期の後，$(O^i + D^i)/F_i (i \in N)$ の大きい順に p 個のハブノードを選択し，新たな初期解を生成する．

タブー探索法

[ステップ1] 繰り返し回数を l_{loc} と l_{alloc} とする．$O^i + D^i (i \in N)$ の大きい順に p 個のハブノードを選択する．

[ステップ2] 最近ハブ割当法を用いて，ハブノードをハブノードに接続する．ハブノード集合を H とする．

(単一交換)

[ステップ3] 長期メモリと短期メモリ M_{loc} を初期化する．ステップ4から7を l_{loc} 回繰り返す．

[ステップ4] すべての非ハブノード $q (\in N \backslash H)$ とハブノード $r (\in H)$ の組合せに対して，単一交換 (q, r) を行う．

(非ハブノード・ハブ間接続)

[ステップ5] 短期メモリ M_{alloc} を初期化する．ステップ6を l_{alloc} 回繰り返し，交換 (q, r) に対して，非ハブノード・ハブノードの接続を変更し，フロー費用の減少量を評価する．

[ステップ6] すべての非ハブノード $i (\in N \backslash H)$ に対して，接続するハブノードを現在の u から $v (\in H \backslash \{u\})$ に変更し，変更 (i, u, v) に対するフロー費用の減少量 δ_{uv}^i を求める．

　(a) 減少量の最大値が正であれば，この変更を (i^*, u^*, v^*) とする．

　(b) 減少量の最大値が負であれば，M_{alloc} により禁止されていない近傍の中で，減少量が最大値の変更を (i^*, u^*, v^*) とする．

　(c) 変更 (i^*, u^*, v^*) を行い，v^* を一定期間，M_{alloc} に記憶する．

[ステップ7] ステップ4から6で行った単一交換に関して，以下の操作を行う．

　(a) 単一交換によるフロー費用の減少量の最大値が正であれば，この

　　　　交換を (q^*, r^*) とする.
　　(b) 減少量の最大値が負であれば，M_{loc} により禁止されていない近傍の中で減少量が最大の交換を (q^*, r^*) とする.
　　(c) 交換 (q^*, r^*) 行い，r^* を一定期間，M_{loc} に記憶する.
[ステップ 8] 終了条件を満たせば終了する．そうでなければ，長期メモリにしたがって p 個のハブノードを選択し，ステップ 3 へ戻る.

● 7.4 ● 線形計画による強い定式化 ●

2 次による定式化は変数や制約の数が少ない定式化であるが，この 2 次整数計画問題を直接的に解くことは困難である．一方，パスフロー変数を用いると，HND を 2 次項を含まない線形問題として定式化することができる．さらに，いくつかの強い妥当不等式を制約式として追加した問題の線形緩和問題を解くと，多くの問題において整数解すなわちもとの問題の最適解を求めることができる.

7.4.1　$SHND$ の定式化

ノード i を始点とする品種がハブノード h, m を経由する量の合計を表すフロー変数を x^i_{hm} とおく．このフロー変数を用いると，次のように $SHND$ を定式化[23)] することができる.

最小化　$\sum_{i \in N} \sum_{h \in N} c_{ih}(O^i + D^i) y_{ih} + \sum_{i \in N} \sum_{h \in N} \sum_{m \in N} \alpha c_{hm} x^i_{hm}$

条件　$\sum_{h \in N} y_{hh} = p$

　　　$\sum_{h \in N} y_{ih} = 1 \quad \forall i \in N$

　　　$y_{ih} \leq y_{hh} \qquad \forall i \in N,\ h \in N$

　　　$\sum_{m \in N} x^i_{hm} - \sum_{m \in N} x^i_{mh} = O^i y_{ih} - \sum_{j \in N} d^{ij} y_{jh}$
　　　　　　　　　　　　　　　　　　$\forall i \in N,\ h \in N \quad (7.16)$

　　　$y_{in} \in \{0, 1\} \qquad \forall i \in N,\ n \in N$

$$x_{hm}^i \geq 0 \qquad \forall i \in N,\ h \in N,\ m \in N$$

目的関数の第一項は非ハブノードとハブノード間のフロー費用，第二項はハブノード間のフロー費用であり，これらの和を最小化する．(7.16) 式は，フロー保存式である．左辺は「i を始点とする需要について，ハブノード h から他のハブノードへ出る量の合計と他のハブノードから h へ入る量の合計の差」である．右辺は，$y_{ih} = 1$，すなわちノード i がハブノード h に接続するとき「ノード i を始点とする需要とノード i を始点として h のみのハブノードを経由する需要の差」，すなわち「h から他のハブノードへ出る量」である．また，$y_{ih} = 0$ のとき，「$-(h$ から非ハブノードに出る量の合計)」，これは「他のハブノードから h へ入る量」に一致する．

この定式化の線形緩和問題を作成する．線形緩和問題は線形計画問題であるため，容易に解くことができる．多くのベンチマーク問題に対して，この線形緩和問題の解は整数解となり，$SHND$ の最適解を求めることができる[82]．また，整数解を算出しない場合でも，分枝限定法を併用することによって，数少ない分枝回数で最適解を求めることができる．

7.4.2 $MHND$ の定式化

ノード i を始点とする品種が，ハブノード h を経由する量を表す変数を Z_h^i，ハブノード h とハブノード m を経由する量を表すフロー変数を x_{hm}^i，ハブノード m を経由して終点 j へ入る量を表すフロー変数を X_{mj}^i とする．これらフロー変数を用いると，次のように $MHND$ を定式化[24]することができる．

最小化 $\sum_{i \in N} \left(\sum_{h \in N} c_{ih} Z_h^i + \sum_{h \in N} \sum_{m \in N} \alpha c_{hm} x_{hm}^i \right.$
$\left. + \sum_{m \in N} \sum_{j \in N} c_{mj} X_{mj}^i \right)$

条件 $\sum_{h \in N} s_h = p$

$$\sum_{h \in N} Z_h^i = O^i \qquad \forall i \in N \qquad (7.17)$$

$$\sum_{m \in N} X_{mj}^i = d^{ij} \qquad \forall i \in N,\ j \in N \qquad (7.18)$$

7.4 線形計画による強い定式化

$$\sum_{m \in N} x_{hm}^i + \sum_{j \in N} X_{hj}^i = \sum_{m \in N} x_{mh}^i + Z_h^i \quad \forall i \in N, h \in N \tag{7.19}$$

$$Z_h^i \leq O^i s_h \qquad \forall i \in N, h \in N \tag{7.20}$$

$$X_{mj}^i \leq d^{ij} s_m \qquad \forall i \in N, j \in N, m \in N \tag{7.21}$$

$$s_h \in \{0, 1\} \qquad \forall h \in N$$

$$Z_h^i \geq 0 \qquad \forall i \in N, h \in N$$

$$X_{mj}^i \geq 0 \qquad \forall i \in N, m \in N, j \in N$$

$$x_{hm}^i \geq 0 \qquad \forall i \in N, h \in N, m \in N$$

目的関数の第一項はノード i とハブノード間のフロー費用，第二項はノード i を始点とする品種のハブノード間のフロー費用，第三項はノード i を始点とする品種のハブノードと非ハブノード間のフロー費用であり，これらの和を最小化する．(7.17) 式は，ノード i とハブノード間のフロー量の合計がノード i を始点とする品種の需要となることを表す．(7.18) 式は，ハブノードとノード j を通るノード i を始点とするフローの合計が i, j 間の品種の需要となることを表す．(7.19) 式は，ノード i を始点とする品種に関するハブノード h におけるフロー保存式である．左辺は「ハブノード h から他のハブや非ハブノードに出るフロー量の合計」であり，右辺は「他のハブやノード i からハブノード h に入るフロー量の合計」であり，これらが一致することを表す．(7.20) 式は，ハブノード h が存在するとき (i, h) 上のフロー量は最大 O^i，そうでないとき 0 であることを表す．(7.21) 式は，ハブノード m が存在するとき (m, j) 上のフロー量は最大 d^{ij}，そうでないとき 0 であることを表す．

(7.21) 式は品種とハブノードに対して非集約化した強制制約式であり，この制約式を用いると多くの問題で整数解が得られる．しかし，制約式の数が非常に多くなるため，緩和解が満足しない制約式のみを生成しながら，問題を解き直すことが必要となる[24]．

A 付録

● A.1 ● 線形計画問題 ●

　線形計画問題は，線形の制約式である制約条件のもとで，線形の目的関数を最小化または最大化する変数の解を求める問題である．n 個の変数，m 個の制約式をもつ線形計画問題 P を考える．i 番目の非負の変数を x_i とし，x_i に対する目的関数の係数を c_i，j 番目の制約式の係数を a_{ij} とし，j 番目の制約式の定数項を b_j とする．このとき，目的関数を最小化する場合，P は次のようになる．

$$
\begin{aligned}
\text{最小化}\quad & c_1 x_1 + c_2 x_2 + \cdots + c_n x_n \\
\text{条件}\quad & a_{11} x_1 + a_{12} x_2 + \cdots + a_{1n} x_n \geq b_1 \\
& a_{21} x_1 + a_{22} x_2 + \cdots + a_{2n} x_n \geq b_2 \\
& \quad\vdots \\
& a_{m1} x_1 + a_{m2} x_2 + \cdots + a_{mn} x_n \geq b_m \\
& x_1 \geq 0, x_2 \geq 0, \cdots, x_n \geq 0
\end{aligned}
$$

　すべての制約条件を満足する解を実行可能解，その領域を実行可能領域とよび，この領域内の制約式の交点を端点とよぶ．線形計画問題では，最適解 (のひとつ) は必ず端点となる．
　次に，目的関数値を表す変数を z とし，各制約式の右辺に非負のスラック変数 $s_i (i = 1, \cdots, m)$ を加えて制約式を等式化し，次のように整理する．

最小化 $z = c_1 x_1 + c_2 x_2 + \cdots + c_n x_n$

条件 $s_1 = -b_1 + a_{11} x_1 + a_{12} x_2 + \cdots + a_{1n} x_n$

$s_2 = -b_2 + a_{21} x_1 + a_{22} x_2 + \cdots + a_{2n} x_n$

$\vdots$

$s_m = -b_m + a_{m1} x_1 + a_{m2} x_2 + \cdots + a_{mn} x_n$

$x_1 \geq 0, \cdots, x_n \geq 0, s_1 \geq 0, \cdots, s_m \geq 0$

$b_j > 0$ である制約式には，さらに非負の人工変数 t_j [*1]を右辺に加え，次のように整理する．

$$t_j = b_j - a_{j1} x_1 - a_{j2} x_2 - \cdots - a_j x_n + s_j$$

このような表現を基底形式とよび，制約式の左辺の変数を基底変数，右辺にある変数を非基底変数とよぶ．非基底変数をすべて0とすれば左辺の変数の値は非負となり，制約条件を満たす実行可能解を求めることができる[*2]．さらに，この解は実行可能領域の端点に対応する．

線形計画問題に対する主要な解法として単体法がある．単体法は，目的関数が減少(または増加)するように基底変数と非基底変数を入れ換える基底変換を行い，端点を効率的に探索する方法である．詳しくは文献[58]などを参照のこと．

● A.2 ● 双 対 問 題 ●

A.1節で示した線形計画問題 P に対して，次のような問題 D

最大化 $b_1 v_1 + b_2 v_2 + \cdots + b_m v_m$

条件 $a_{11} v_1 + a_{21} v_2 + \cdots + a_{m1} v_m \leq c_1$

$a_{12} v_1 + a_{22} v_2 + \cdots + a_{m2} v_m \leq c_2$

[*1] 本来の制約式を満足させるため，t_j を目的関数に加え，$t_j = 0$ となるようにその係数を十分に大きな正数とする．
[*2] 人工変数を含む場合，実行可能解を得るためには，基底変換によって人工変数を非基底変数にしておく必要がある．

⋮

$$a_{1n}v_1 + a_{2n}v_2 + \cdots + a_{mn}v_m \leq c_n$$

$$v_1 \geq 0, v_2 \geq 0, \cdots, v_m \geq 0$$

を双対問題とよぶ．これらの問題を行列とベクトルで表現する次のようになる．

最小化 $\boldsymbol{cx}$ 　　　　　　最大化 $\boldsymbol{vb}$

条件 $A\boldsymbol{x} \geq \boldsymbol{b}$ 　　　　　条件 $\boldsymbol{v}A \leq \boldsymbol{c}$

$\boldsymbol{x} \geq \boldsymbol{0}$ 　　　　　　　　$\boldsymbol{v} \geq \boldsymbol{0}$

双対問題に対して，もとの問題を主問題とよぶ．双対問題の変数を双対変数とよび，双対変数は主問題の制約式に対応する．なお，P の制約式が等号である場合は，対応する D の変数には非負制約がつかない．また，双対問題の双対問題は主問題となる．

$\bar{\boldsymbol{x}}$ と $\bar{\boldsymbol{v}}$ をそれぞれ P と D の実行可能解とすると，$\bar{\boldsymbol{v}}\boldsymbol{b} \leq \bar{\boldsymbol{v}}A\bar{\boldsymbol{x}} \leq \boldsymbol{c}\bar{\boldsymbol{x}}$ が成り立つことから，双対問題の任意の目的関数値は主問題の目的関数値以下となる．また，$\tilde{\boldsymbol{x}}$ と $\tilde{\boldsymbol{v}}$ がそれぞれ P と D の実行可能解で，$\boldsymbol{c}\tilde{\boldsymbol{x}} = \tilde{\boldsymbol{v}}\boldsymbol{b}$ であるとき，$\boldsymbol{vb} \leq \boldsymbol{c}\tilde{\boldsymbol{x}} = \tilde{\boldsymbol{v}}\boldsymbol{b}$ かつ $\boldsymbol{cx} \geq \tilde{\boldsymbol{v}}\boldsymbol{b} = \boldsymbol{c}\tilde{\boldsymbol{x}}$ となる．したがって，$\tilde{\boldsymbol{x}}$ と $\tilde{\boldsymbol{v}}$ はそれぞれ P と D の最適解となる．これを弱双対定理とよぶ．

●A.3● 線形緩和問題 ●

組合せ最適化問題において，変数の0–1条件 $y \in \{0,1\}$ や整数条件 $y \in Z^+$（Z^+ は非負の整数の集合）などの離散条件を $0 \leq y \leq 1$ や $y \geq 0$ のような連続条件に変えることを線形緩和とよび，線形緩和を行った問題を線形緩和問題とよぶ．線形緩和を行った場合，変数は小数値もとりうることになり，制約領域が緩和，すなわち実行可能領域が広がる．このため，最小化問題であれば，緩和問題の目的関数値はもとの組合せ最適化問題の最適値以下の値もとりうることになり，緩和問題の最適値はもとの組合せ最適化問題の下界値となる．線形緩和問題は線形計画問題であることから，単体法などにより，比較的容易に解くことがで

きる.

● A.4 ● Lagrange 緩和問題 ●

次のような最小化問題 P を考える.

$$\text{最小化} \quad cx + fy$$
$$\text{条件} \quad Ax = d \qquad \text{(A.1)}$$
$$\qquad Bx \leq Cy \qquad \text{(A.2)}$$
$$x \in X, \ y \in Y$$

ここで,(A.1) 式に Lagrange 乗数ベクトル v を乗じて目的関数に加えた次のような問題を作成する.

$$\text{最小化} \quad cx + fy + v(d - Ax) = vd + (c - vA)x + fy$$
$$\text{条件} \quad Ax = d$$
$$\qquad Bx \leq Cy$$
$$x \in X, y \in Y$$

この問題の任意の実行可能解に対して $Ax - d = 0$ が成り立つことから,この問題と P の目的関数値は一致する.

さらに,(A.1) 式を取り除いた次のような問題 LG_1 を作成する.

$$\text{最小化} \quad vd + (c - vA)x + fy$$
$$\text{条件} \quad Bx \leq Cy$$
$$x \in X, y \in Y$$

この LG_1 を Lagrange 緩和問題とよぶ.(A.1) 式が取り除かれているため,LG_1 の実行可能領域は P よりも広く,LG_1 は P の緩和問題となり,LG_1 の最適値は P の下界値となる.

同様に,(A.2) 式に対して Lagrange 乗数ベクトル $w(\geq 0)$ を乗じて目的関数

に加えた次のような問題を作成する．

$$\text{最小化} \quad cx + fy + w(Bx - Cy) = (c + wB)x + (f - wC)y$$
$$\text{条件} \quad Ax = d$$
$$Bx \leq Cy$$
$$x \in X, y \in Y$$

この問題の任意の実行可能解に対して，$w \geq 0$ より，$w(Bx - Cy) \leq 0$ となる．このため，任意の実行可能解に対して，この問題の目的関数値は P の目的関数値以下となる．

さらに，(A.2) 式を取り除いた次のような問題 LG_2 を作成する．

$$\text{最小化} \quad (c + wB)x + (f - wC)y$$
$$\text{条件} \quad Ax = d$$
$$x \in X, y \in Y$$

LG_2 も P の Lagrange 緩和問題となり，LG_2 の最適値は P の下界値となる．

Lagrange 緩和問題 LG_1 や LG_2 を最適に解くことができれば，P の下界値が得られる．一般的には，Lagrange 緩和問題を容易に最適に解くことができるとは限らない．しかし，緩和する制約式をうまく選択すれば，Lagrange 緩和問題が x に関する問題と y に関する問題や，アークごとや品種ごとの独立した部分問題に分割でき，それぞれを効率的に解ける可能性がある．

●A.5● 妥当不等式 ●

組合せ最適化問題などにおいて，実行可能解または最適解を除かない制約式を妥当不等式とよぶ (図 A.1)．妥当不等式の中で，線形緩和問題の実行可能領域の一部を満足しないものを有効な妥当不等式とよぶ．

有効な妥当不等式を制約式として加えると，実行可能領域が狭くなる．このため，最小化問題の場合では線形緩和問題から得られる下界値が増加し，分枝限定法などでは計算時間を減少できる可能性がある．しかし，一般的に有効な

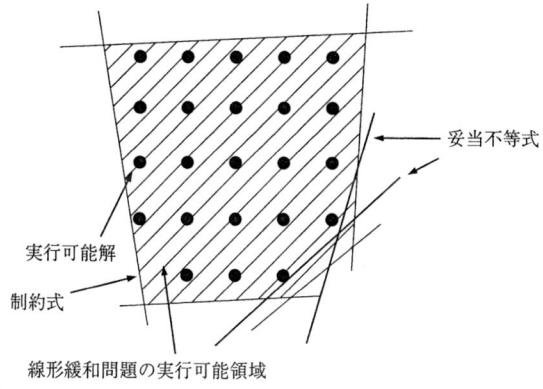

図 A.1 妥当不等式

妥当不等式は膨大な数となることが多く，すべての妥当不等式を陽的に加えることは得策ではない．このため，緩和解を満足してない有効な妥当不等式を生成するための工夫が必要である．

● A.6 ● 連続ナップサック問題 ●

ナップサック問題は，一つの制約式をもつ最も基本的な組合せ最適化問題である．適当な要素の集合を A，0–1 変数を $x_i (i \in A)$ とし，要素の価値を a_i，大きさを b_i，ナップサックの容量を B とするとき，ナップサック問題は次のようになる．

$$\text{最大化} \quad \sum_{i \in A} a_i x_i$$
$$\text{条件} \quad \sum_{i \in A} b_i x_i \leq B$$
$$x_i \in \{0, 1\} \quad \forall i \in A$$

ナップサック問題において，0–1 条件を $0 \leq x_i \leq 1 (i \in A)$ に線形緩和した問題を連続ナップサック問題とよぶ．連続ナップサック問題は，一つの制約をもつ線形計画問題となる．

ここで，a_i/b_i を降順にソートしたものを $a_1/b_1, \cdots, a_{|A|}/b_{|A|}$ とおく．$\sum_{i=1}^{j-1} b_i \leq B$ かつ $\sum_{i=1}^{j} b_i > B$ を満足する j を用いると，連続ナップサック問題の最適

解 $\hat{x}$ は次式となる．

$$\hat{x}_i = \begin{cases} 1 & if\ i < j \\ \left(B - \sum_{i=1}^{j-1} b_i\right)/b_j & if\ i = j \\ 0 & if\ i > j \end{cases} \quad \forall i \in A$$

● A.7 ● 分枝限定法 ●

分枝限定法は，組合せ最適化問題に広く適用される最適解法である．ここでは，0–1 変数をもつ最小化問題に限定して説明する．

分枝限定法は，分枝操作と限定操作で構成される．

a) 分枝操作：ある 0–1 変数を 0 に固定した部分問題と 1 に固定した部分問題に分ける．
b) 限定操作：部分問題の下界値と現在わかっている最良の上界値を比較して，「下界値 ≥ 上界値」であるか，または部分問題の解が実行可能であれば，終端する．

分枝限定法では，未終端の部分問題に対して分枝操作によって新たな部分問題を生成し，限定操作によって分枝を終端させることを繰り返す．

部分問題の下界値を求めるためには緩和問題を解けばよい．緩和問題としては線形緩和問題が用いられることが多い．

分枝限定法

[ステップ 1] 最適化問題 P の適当な上界値を求める．P を未終端の部分問題集合 U の要素とする．

[ステップ 2] U から問題を取り出し，未分枝の 0–1 変数を 0 と 1 に分枝し，部分問題を生成する．

[ステップ 3] 生成された部分問題の緩和問題を解き，緩和解と下界値を求める．

    (a) 緩和解が P の実行可能解であれば，この部分問題の分枝を終端する．かつ，「上界値 > 緩和問題の最適値」であれば，上界値を更

新する.
    (b)「部分問題の下界値 ≥ 上界値」であれば,この部分問題を終端する.
    (c) (a), (b) でなければ,この部分問題を U に加える.
[ステップ 4] U が空集合であれば終了する.そうでなければ,ステップ 2 へ戻る.

● A.8 ● 双対上昇法 ●

双対上昇法は,双対問題を近似的に解くことによって,もとの組合せ最適化問題の下界値を算出するとともに,双対解をもとに近似解を求める手法である.

最小化問題である組合せ最適化問題において,整数条件や 0–1 条件に対する線形緩和問題を考える.強制制約式のように非常に多くの数の制約式を含む場合は,直接的に線形緩和問題を解くことが困難な場合がある.そこで,さらに線形緩和問題の双対問題を考える.双対問題の任意の実行可能解の目的関数値は主問題の下界値であり,かつ緩和前の組合せ最適化問題の下界値となる.つまり,線形緩和問題や双対問題を厳密に解くのではなく,双対問題をヒューリスティックに解くことで,もとの組合せ最適化問題の下界値を求めることができる.

双対問題の近似解が得られたとき,線形緩和問題の相補性条件を満足するようにもとの組合せ最適化問題の変数を設定する.さらに,適当なヒューリスティックを用いて解を改良する双対ヒューリスティックを行えば,近似解を求めることができる.

もとの組合せ最適化問題の最適値と線形緩和問題の双対問題の最適値の差を双対ギャップとよぶ.双対上昇法では,双対ギャップが小さな定式化を用いる必要がある.そのためには,強制制約式といった有効な妥当不等式が必要である.

双対上昇法
[ステップ 1] 組合せ最適化問題に対する線形緩和問題と,その双対問題を作成する.

[ステップ 2] 双対問題をヒューリスティックに解き，下界値と双対解を求める．
[ステップ 3] 相補性条件を満足するように，組合せ最適化問題の解を設定する．
[ステップ 4] 双対ヒューリスティックにより，組合せ最適化問題の近似解を求める．

● A.9 ● Lagrange 緩和法 ●

Lagrange 緩和法は，Lagrange 緩和問題をもとに，下界値と近似解を求める方法である．ここでは，最小化問題を対象とする．はじめに，Lagrange 緩和問題を作成する．続いて，この Lagrange 緩和問題を解き，緩和解と下界値を求め，劣勾配法などを用いて Lagrange 乗数を更新し，緩和解をもとに Lagrange ヒューリスティックにより近似解を生成することを繰り返す．

Lagrange 緩和法
[ステップ 1] Lagrange 緩和問題を作成する．Lagrange 乗数の初期を設定する．
[ステップ 2] Lagrange 緩和問題を解き，下界値と緩和解を求める．
[ステップ 3] 緩和解をもとにした Lagrange ヒューリスティックにより，近似解と上界値を求める．
[ステップ 4] 劣勾配法などを用いて，Lagrange 乗数を更新する．
[ステップ 5] 終了条件を満たせば終了，そうでなければステップ 2 へ戻る．

終了条件としては，一定回数の繰り返しや，上界値と下界値の差が目標値以下となる場合などが用いられる．

Lagrange 緩和法の特性として，Lagrange 緩和問題からよい下界値を算出できる，繰り返しごとに異なる緩和解が得られるため Lagrange ヒューリスティックにより異なる近似解が生成できる，下界値により近似解の精度が保証できる，などが挙げられる．欠点としては，Lagrange 緩和問題を繰り返し解くため問題

によっては計算時間がかかる，劣勾配法の収束が遅いため繰り返し回数が多い，などが挙げられる．

● A.10 ● Benders 分解法 ●

Benders 分解法は，比較的少数の離散変数をもつ混合整数計画問題に適用される解法であり，問題を整数計画問題と線形計画問題や，整数計画問題とネットワーク問題などといった二つの問題に分解して解く方法である．

ここでは，次のような最小化問題 P を考える．

$$\text{最小化} \quad cx + fy$$
$$\text{条件} \quad Ax = d \tag{A.3}$$
$$Bx \leq Cy \tag{A.4}$$
$$x \geq 0$$
$$y \in Y$$

ここで，Y は適当な離散値の集合である．実行可能解 $\bar{y}$ が与えられたときに，P の目的関数を最小化する x を求める問題 $P(\bar{y})$ は次のようになる．

$$\text{最小化} \quad cx + f\bar{y}$$
$$\text{条件} \quad Ax = d$$
$$Bx \leq C\bar{y}$$
$$x \geq 0$$

(A.3)，(A.4) 式に対する双対変数 v と $w(\geq 0)$ を用いると，この問題の双対問題 $DU(\bar{y})$ は次のようになる．

$$\text{最大化} \quad f\bar{y} + vd - wC\bar{y}$$
$$\text{条件} \quad vA \leq c + wB$$
$$w \geq 0$$

この双対問題は線形計画問題であるので，最適解は制約領域の端点となる．そこで，$\{vA \leq c + wB, w \geq 0\}$ に含まれる (v, w) の端点集合を Ω とすると，$DU(\bar{y})$ は

$$\text{最大化} \quad \{f\bar{y} + vd - wC\bar{y} \mid \forall (v, w) \in \Omega\}$$

と書ける．

問題 P は $DU(y)$ の最適値を最小化する y を求める問題となる．そこで，P の目的関数値を表す変数を z とすると，P は次のように表すことができる．

$$\text{最小化} \quad \{z \mid z \geq fy + vd - wCy, \; \forall (v, w) \in \Omega, y \in Y\}$$

したがって，端点集合 Ω が求められたとき，P は次のような混合整数計画問題 P' として表すことができる．

$$\text{最小化} \quad z$$
$$\text{条件} \quad z \geq fy + dv - wCy \quad \forall (v, w) \in \Omega \quad \quad (A.5)$$
$$y \in Y$$

(A.5) のような形式の制約式を Benders カットとよぶ．

しかし，膨大な数の端点が存在するため，すべての端点に対応する Benders カットを考慮することは困難である．そこで，適当な数の端点からはじめ，端点を生成しながら対応する P' を解き直していく．

ここで，端点の集合を部分集合 $\Omega' (\subseteq \Omega)$ とした次のような問題 $P'(\Omega')$ を考える．

$$\text{最小化} \quad z$$
$$\text{条件} \quad z \geq fy + dv - wCy \quad \forall (v, w) \in \Omega'$$
$$y \in Y$$

$P'(\Omega')$ は P' の緩和問題となるため，$P'(\Omega')$ の最適値は P の下界値となる．さらに，緩和問題である $P'(\Omega')$ の最適解 $(\hat{z}, \hat{y})$ が P' の実行可能解であれば，$\hat{y}$ は P' の最適解となる．また，$\hat{y}$ が P の実行可能解であれば，$DU(\hat{y})$ の最適

値は P の上界値となる.

一方,$DU(\hat{y})$ の最適値が $\hat{z}$ 以上であれば,その変形である P' の実行可能解となることから,$\hat{y}$ は P' および P の最適解となる.逆に,$DU(\hat{y})$ の最適値が $\hat{z}$ 未満であれば,$DU(\hat{y})$ の最適解 $(\hat{v},\hat{w})$ は $P'(\Omega')$ の制約を満たさない新たな端点となり,この端点を Ω' に追加する.

Benders 分解法
[ステップ 1]　$DU(y)$ の適当な初期の端点集合を Ω' とする.
[ステップ 2]　$P'(\Omega')$ を解き,最適解 $\hat{y}$ および P の下界値 $\bar{z}$ を求める.
[ステップ 3]　$DU(\hat{y})$ を解き,最適解 $(\hat{v},\hat{w})$ および P の上界値 $\bar{\bar{z}}$ を求める.
[ステップ 4]　$\bar{\bar{z}}=\bar{z}$ であれば終了,そうでなければ $(\hat{v},\hat{w})$ を Ω' に加え,ステップ 2 へ戻る.

Benders 分解法では,繰り返しごとに下界値と上界値を求めることができる.しかし,ステップ 2 で z 以外が離散変数である問題を繰り返し解く必要があるため,離散変数の数が多い問題に対しては適用が難しい.また,実際には $DU(\bar{y})$ が下限をもたない場合や実行不可能な場合の処理が必要である.Benders 分解法については,文献[58,72] などを参照のこと.

●A.11● 劣勾配法 ●

劣勾配法は微分不可能な関数に対する解法である.組合せ最適化問題に対する Lagrange 緩和問題も組合せ最適化問題となるため,Lagrange 乗数が変化したときに最適解は離散的に変化し,最適値は区分線形的に変化する.このため,Lagrange 乗数から見ると,Lagrange 緩和問題は微分不可能な点を含む目的関数をもつ最適化問題となる.そこで,適切な Lagrange 乗数を求めるために,微分不可能な関数に対する解法である劣勾配法が用いられる.

ここで,変数 w に対する関数 $h(w)$ の最大化問題を考える.ベクトル s が
$$h(w) \leq h(w^l) + s(w - w^l)$$
を満たすとき,s を点 w^l における関数 $h(w)$ の劣勾配とよぶ.図 A.2 に示すよ

図 A.2 劣勾配

図 A.3 ステップサイズ

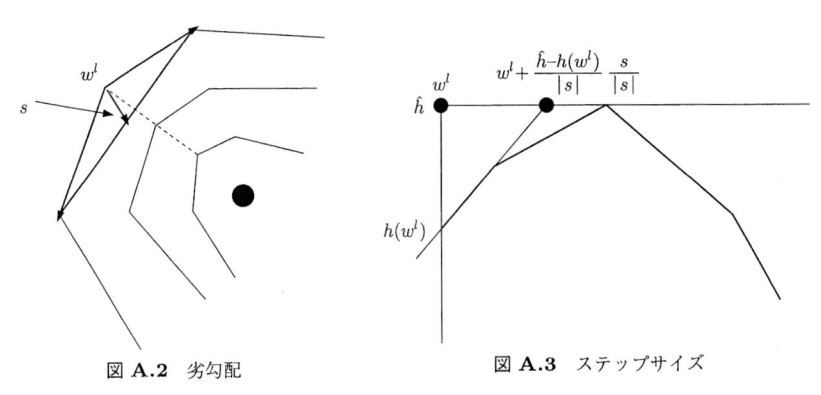

うに，微分不可能な点では劣勾配は一つではなく，集合となる．劣勾配を用いて，点 w^l から次の点 w^{l+1} を探索する．探索方向は，劣勾配の集合の中でノルムが最小のものを用いて定めることが望ましいが，手間がかかるため，集合内の一つの劣勾配を利用することが多い．たとえば，A.4 節の制約式 $Ax = d$ を緩和した Lagrange 緩和問題 LG_1 では，目的関数における Lagrange 乗数 v の係数は $d - Ax$ である．これは，目的関数の偏微分となるため，劣勾配の定義を満足する．そこで，劣勾配として $s = d - Ax$ を採用する．

一般的な微分可能関数に対する降下法のように，降下方向への直線探索でステップサイズを決めることは，繰り返し Lagrange 緩和問題を解き直す必要があるため適切ではない．そこで，関数 $h(w)$ の現在の値 $h(w^l)$，最適値 $\hat{h}$ および $\rho (0 < \rho < 2)$ を用いて，l 回目の繰り返しにおいて，次のようにステップサイズ θ^l を決める[58]．

$$\theta^l = \frac{\rho(\hat{h} - h(w^l))}{|s|^2}$$

続いて，次の点 w^{l+1} を

$$w^{l+1} := w^l + \theta^l s = w^l + \rho \frac{\hat{h} - h(w^l)}{|s|} \frac{s}{|s|}$$

とする．$s/|s|$ は単位ベクトルであるので，図 A.3 に示すように，現在の点 w^l から移動したときに目的関数値が $\rho(\hat{h} - h(w^l))$ だけ変化するであろう点を次の点 w^{l+1} として採用することになる．ここで，$\lim_{l \to \infty} \theta^l = 0$ かつ $\lim_{l \to \infty} \sum_{m=1}^{l} \theta^m =$

$+\infty$ であれば，w は 1 次収束する．

一般的には，最適値 $\hat{h}$ を求めることはできない．そこで，Lagrange ヒューリスティックなどによって上界値を求め，最良の上界値を最適値の代用として利用する．しかし，「最適値 $\neq$ 上界値」であるときは $\lim_{l \to \infty} \theta^l = 0$ を満足せず，得られるステップサイズも大きくなる．このため，適当な周期ごとに ρ を減少させる方法が用いられる．

劣勾配法

[ステップ 1]　適当な Lagrange 乗数を設定する．
[ステップ 2]　Lagrange 緩和問題を解き，劣勾配を求める．
[ステップ 3]　劣勾配を用いて Lagrange 乗数を更新する．
[ステップ 4]　終了条件を満足すれば終了し，そうでなければステップ 2 へ戻る．

終了条件としては，一定回数の繰り返しや，上界値と下界値の差が目標値以下となる場合などが用いられる．

● A.12 ●　Lagrange ヒューリスティック　●

一部の制約条件を緩和しているため，Lagrange 緩和問題の解はもとの組合せ最適化問題の実行可能解であるとは限らない．そこで，Lagrange 緩和解をもとの組合せ最適化問題の実行可能解になるように改良して，近似解を求める．このような方法を Lagrange ヒューリスティックとよぶ．

劣勾配法では，Lagrange 乗数を更新し，Lagrange 緩和問題を繰り返し解く．このため，Lagrange 乗数を更新するごとに異なる Lagrange 緩和解が求められる．しかし，Lagrange 緩和解は実行可能解とは限らないため，適当な方法で実行可能解となるように解を修正する必要がある．さらには，貪欲法や局所探索法などを用いて，得られた実行可能解を改善することも行われる．

たとえば，いくつかのネットワーク設計問題では，Lagrange 緩和解のデザイン変数を用いてネットワークを形成し，このネットワーク上でフロー問題を解き，実行可能なフローを求めるといった方法が行われる．デザイン変数が実行

不可能であれば，この解を使用しないこともある．

Lagrange ヒューリスティック
[ステップ1]　Lagrange 緩和問題を解く．
[ステップ2]　Lagrange 緩和解をもとに，実行可能解を算出する．
[ステップ3]　実行可能解を改善する．

●A.13● 局所探索法 ●

適当な解に対して，たとえば一本のアーク付加・削除するといった解を少しだけ変更して得られる解の集合を近傍とよび，近傍内の解を調べることを近傍探索とよぶ．局所探索法は，実行可能解の近傍において，解の目的関数値を改善する解を探索し，この解へ移動することを繰り返すことによって，解を改善していく方法である．近傍の定義によって，異なる局所探索法が定義できる．

局所探索法
[ステップ1]　適当な実行可能解を求め，現在の解とする．
[ステップ2]　現在の解の適当な近傍に対して，解を改善する近傍解を探索する．
[ステップ3]　現在の解を改善する解が見つかれば，これを現在の解として，ステップ2へ戻る．そうでなければ終了する．

近傍の中で最良解を探索する方法や，現在の解を改善する解が見つかった時点でその解へ移動する方法がある．

●A.14● アニーリング法 ●

アニーリング法は，物理現象である焼きなましを模し，温度を高温から低温に徐々に下げ，温度と目的関数値の変化量によって近傍解への移動判定を行うメタヒューリスティクスである．

局所探索法とは異なり，アニーリング法では目的関数値が悪くなる場合であっ

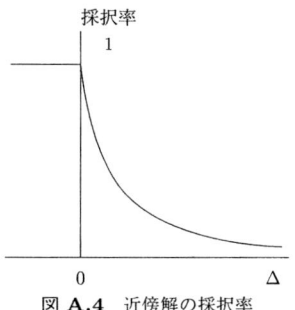

図 A.4 近傍解の採択率

ても，確率 $e^{-\Delta/T}$ で採択する．ここで，Δ は目的関数の変化量，T は温度を表すパラメータである．$e^{-\Delta/T}$ は，$\Delta \to 0$ で 1 に，$T \to 0$ で 0 になる指数関数 (図 A.4) である．

Δ が小さければ近傍解を採択する確率が高くなる．また，温度 T が高いと大幅な解の改悪も許すが，繰り返しとともに温度 T を低くして大幅な解の改悪を許さなくする．このように，アニーリング法では解の改悪も許すため，局所解から脱出し，広範囲の解を探索することが可能である．

アニーリング法

[ステップ 1]　最小化問題において，適当な初期解 $\bar{x}$ と目的関数値 $f(\bar{x})$ を求める．初期温度 T を設定する．

[ステップ 2]　同一温度でステップ 3，4 を一定回数を繰り返す．

[ステップ 3]　$\bar{x}$ の近傍探索を行って近傍解 x' を選び，$f(x')$ を求め，目的関数値の変化量 $\Delta = f(x') - f(\bar{x})$ を求める．

[ステップ 4]　$\Delta \leq 0$ であれば x' を採択し，$\Delta > 0$ であれば確率 $e^{-\Delta/T}$ で x' を採択し，$\bar{x} := x'$ とする．

[ステップ 5]　適当な終了条件を満たせば終了する．そうでなければ，温度 T を $\alpha(<1)$ 倍して下げ，ステップ 2 へ戻る．

●A.15● タブー探索法 ●

局所探索法では局所最適解に陥って脱出することができない場合があるため，

一般的には大域的な最適解を求めることはできない．タブー探索法は，過去の探索情報である短期メモリや長期メモリを用いて，必ずしも改善できる解ではない解への移動も許すことによって，局所最適解から脱出し，広い領域の探索を可能にしたメタヒューリスティクスである．

短期メモリはタブーリストともよばれ，近傍探索・移動の前後で変わった変数や変数のペアなどを一定期記憶しておき，この短期メモリに記憶されている変数の変更を含む近傍の探索を禁止する．一定期間がたてば，この情報を短期メモリから削除し，この近傍の探索を許可する．短期メモリに記憶されている変数の変更を含む近傍の探索の禁止と，必ずしも解を改善しない移動の許可によって，局所最適解に陥ることを防ぐ．ただし，短期メモリに記憶されている探索であっても，最良解を生成した場合は，この探索を許可する場合もある．

また，長期メモリには個々の変数を変更した回数などの情報を保存し，定期的に探索領域の多様化のために使用する．多様化では，これらの情報を目的関数値にペナルティとして付加するなどによって，新たな初期解を生成する．これによって解の重複探索を防ぎ，広範囲の探索を可能にする．

タブー探索法

[ステップ1]　適当な実行可能解を求め，現在の解とする．

[ステップ2]　現在の解に対して，短期メモリで禁止されていない近傍における最良解を探索し，これを現在の解とする．

[ステップ3]　短期メモリと長期メモリを更新する．

[ステップ4]　定期的に，長期メモリを用いて多様化を行う．

[ステップ5]　終了条件を満たせば終了する．そうでなければ，ステップ2へ戻る．

● A.16 ● パス再結合法 ●

エリート解の集合である参照解集合を作成し，参照解集合から初期解とガイド解を選び，これらの解から新たな解を生成していくメタヒューリスティクスをパス再結合法または散布探索法[36]とよぶ．

パス再結合法

[ステップ 1] 適当な探索法によって探索した解集合から，参照解集合を作成する．

[ステップ 2] 参照解集合から初期解とガイド解を選び，参照解集合から初期解を取り除く．

[ステップ 3] 初期解とガイド解から，これらの中間解を生成する．

[ステップ 4] 中間解を局所探索などを用いて改善した参照解を生成し，参照解集合に加える．

[ステップ 5] 参照解集合が空集合であれば終了する．そうでなければ，ステップ2へ戻る．

初期解とガイド解の選択方法としては，たとえば次のようなものがある．

a) 参照解集合の最良解をガイド解とし，二番目の良解を初期解とする．

b) 参照解集合の最良解をガイド解とし，ガイド解から最大距離にある解を初期解とする．

c) 参照解集合の中で，距離が最大である二つの解をガイド解と初期解とする．

文　献

1) P. K. Ahuja, T. L. Magnanti, and J. B. Orlin. *Network Flows, Theory, Algorithms, and Applications*. Prentice-Hall, 1993.
2) R. K. Ahuja and V. V. S. Murty. New lower planes for the network design problem. *Networks*, Vol. 17, pp. 113–127, 1987.
3) R. K. Ahuja, J. B. Orlin, and D. Sharma. Multi-exchange neighborhood search algorithms for the capacitated minimum spanning tree problem. *Mathematical Programming*, Vol. 91, pp. 71–97, 2001.
4) R. K. Ahuja, J. B. Orlin, and D. Sharma. A composite neighborhood search algorithm for the capacitated minimum spanning tree problem. *Operations Research Letters*, Vol. 31, pp. 185–194, 2003.
5) K. Altinkemer and B. Gavish. Heuristics with constant error guarantees for the design of tee networks. *Management Science*, Vol. 34, pp. 331–341, 1988.
6) A. M. Alvarez, J. L. González-Velarde, and K. De-Alba. Scatter search for network design problem. *Annals of Operations Research*, Vol. 138, No. 1, pp. 159–178, 2005.
7) A. Balakrishnan, T. L. Magnanti, and R. T. Wong. A dual-ascent procedure for large-scale uncapacitated network design. *Operations Research*, Vol. 37, pp. 716–740, 1989.
8) F. Barahona. Network design using cut inequalities. *SIAM Journal on Computing*, Vol. 6, pp. 823–837, 1996.
9) T. B. Boffey and A. I. Hinxman. Solving the optimal network problem. *European Journal of Operational Research*, Vol. 3, pp. 386–393, 1979.
10) R. R. Boorstyn and H. Frank. Large-scale network topological optimization. *IEEE Transactions on Communications*, Vol. 25, pp. 29–47, 1977.
11) D. E. Boyce, A. Farhi, and R. Weischedel. Optimal network problem : Branch-and-bound algorithm. *Environment and Planning*, Vol. 5, pp. 519–533, 1973.
12) D. Braess. Uber ein paradoxon der verkehrsplanung. *Unternehmenforschung*, Vol. 12, pp. 256–268, 1968.
13) J. F. Campbell. Hub location and the p-hub median problem. *Operations Research*, Vol. 44, pp. 923–935, 1996.
14) K. M. Chandy and T. Lo. The capacitated minimum spanning tree. *Networks*, Vol. 3, pp. 173–181, 1973.
15) 陳　明哲, 片山直登, 久保幹雄. 容量制約をもつ多品種フロー輸送ネットワーク設計問題に対する容量スケーリング法. 日本物流学会誌, Vol. 14, pp. 85–92, 2006.
16) M. Chouman, T. G. Crainic, and B. Gendron. A cutting-plane algorithm based

on cutset inequalities for multicommodity capacitated fixed charge network design. Technical Report CRT-2003-16, Centre de recherche sur les transports, Université de Montréal, 2003.
17) T. G. Crainic, M. Gendreau, and J. M. Farvolden. A simplex-based tabu search for capacitated network design. *INFORMS Journal on Computing*, Vol. 12, pp. 223–236, 2000.
18) T. G. Crainic, B. Gendron, and G. Hernu. A slope scaling/Lagrangean perturbation heuristic with long-term memory for multicommodity capacitated fixed-charge network design. Technical Report CRT-2003-05, Centre de recherche sur les transports, Université de Montréal, 2003.
19) S. Dafermos. Traffic equilibrium and variational inequalities. *Transportation Science*, Vol. 14, pp. 42–54, 1980.
20) S. Dafermos. An iterative scheme for variational inequalities. *Mathematical Programming*, Vol. 26, pp. 40–47, 1983.
21) E. Dahlhaus, D. S. Johnson, C. H. Papadimitriou, P. D. Seymour, and M. Yannakakis. The complexity of multiterminal cuts. *SIAM Journal on Computing*, Vol. 23, pp. 864–894, 1994.
22) R. Dionne and M. Florian. Exact and approximate algorithms for optimal network design. *Networks*, Vol. 9, pp. 37–59, 1979.
23) A. T. Ernst and M. Krishnamoorthy. Efficient algorithms for the uncapacitated single allocation p-hub median problem. *Location Science*, Vol. 4, pp. 139–154, 1996.
24) A. T. Ernst and M. Krishnamoorthy. An exact solution approach based on shortest-paths for p-hub median problems. *INFORMS Journal on Computing*, Vol. 10, pp. 149–162, 1998.
25) L. R. Esau and K. C. Williams. On teleprocessing system design. Part II. *IBM System Journal*, Vol. 5, pp. 142–147, 1966.
26) H. N. Gabow and R. E. Tarjan. Efficient algorithms for a family of matroid intersection problems. *Journal of Algorithms*, Vol. 5, pp. 80–131, 1984.
27) G. Gallo. Lower planes for the network design problem. *Networks*, Vol. 13, pp. 411–425, 1983.
28) B. Gavish. Augmented Lagrangean based algorithms for centralized network design. *IEEE Transactions on Communications*, Vol. 33, pp. 1247–1257, 1985.
29) B. Gavish. Topological design of telecommunication networks – local access design methods. *Annals of Operations Research*, Vol. 33, pp. 17–71, 1991.
30) B. Gavish and K. Altinkemer. A parallel saving heuristic for the topological design of local access tree network. *Proceeding IEEE – INFOCOM'86*, pp. 130–139, 1986.
31) B. Gendron and T. G. Crainic. Relaxations for multicommodity capacitated network design problems. Technical Report CRT-965, Centre de recherche sur les transports, Université de Montréal, 1994.
32) B. Gendron and T. G. Crainic. Bounding procedures for multicommodity ca-

pacitated fixed charge network design problems. Technical Report CRT-96-06, Centre de recherche sur les transports, Université de Montréal, 1996.
33) B. Gendron, T. G. Crainic, and A. Frangioni. Multicommodity capacitated network design. Technical Report CRT-98-14, Centre de recherche sur les transports, Université de Montréal, 1997.
34) I. Ghamlouche, T. G. Crainic, and M. Gendreau. Cycle-based neighbourhoods for fixed-charge capacitated multicommodity network design. *Operations Research*, Vol. 51, pp. 655–667, 2003.
35) I. Ghamlouche, T. G. Crainic, and M. Gendreau. Path relinking, cycle-based neighborhoods and capacitated multicommodity network design. *Annals of Operations Research*, Vol. 131, pp. 109–134, 2004.
36) F. Glover and M. Laguna. *Tabu Search*. Kluwer Academic Publishers, 1997.
37) L. Gouveia. A 2n constraint formulation for the capacitated minimal spanning tree problem. *Operations Research*, Vol. 45, pp. 130–141, 1995.
38) L. Gouveia and P. Martins. The capacitated minimal spanning tree problem: An experiment with a hop-indexed model. *Annals of Operations Research*, Vol. 86, pp. 271–294, 1999.
39) Z. Gu, G. L. Nemhauser, and M. W. P. Savelsbergh. Lifted cover inequalities for 0–1 integer programs: Computation. *INFORMS Journal on Computing*, Vol. 10, pp. 427–437, 1998.
40) L. Hall. Experience with a cutting plane algorithm for the capacitated spanning tree problem. *INFORMS Journal on Computing*, Vol. 8, pp. 219–234, 1996.
41) H. H. Hoang. A computational approach to the selection of an optimal network. *Management Science*, Vol. 19, pp. 488–498, 1973.
42) 岩佐　大. ハブ・アンド・スポークネットワーク設計問題の近似解法. 修士論文, 東京大学大学院情報理工学部研究科, 2006.
43) D. S. Johnson, J. K. Lenstra, and A. H. G. Rinnooy Kan. The complexity of the network design problem. *Networks*, Vol. 8, pp. 279–285, 1978.
44) M. Karnaugh. A new class of algorithms for multipoint network optimization. *IEEE Transactions on Communications*, Vol. 24, pp. 500–505, 1976.
45) 片山直登, 春日井博. 容量制約付きネットワークデザイン問題の強い妥当不等式. 日本経営工学会秋季研究大会予稿集, pp. 281–282, 1992.
46) 片山直登, 春日井博. 容量制約をもつ多品種流ネットワークデザイン問題. 日本経営工学会誌, Vol. 44, pp. 164–175, 1993.
47) 片山直登, 岩田　実, 柳下和夫, 三原一郎, 今澤明男. ラグランジュ緩和法を用いた容量制約のないネットワーク計画問題の解法. 土木計画学研究・論文集, Vol. 11, pp. 105–112, 1993.
48) 片山直登, 春日井博. ラグランジュ緩和法を用いた予算制約をもつネットワークデザイン問題の解法. 日本経営工学会誌, Vol. 46, pp. 21–27, 1995.
49) 片山直登. ネットワークデザイン問題の近似解法. 流通経済大学流通情報学部開校記念論文集, pp. 171–191, 1997.
50) 片山直登, 百合本茂. 予算制約をもつネットワークデザイン問題の貪欲解法. 土木計画

学研究・論文集, Vol. 20, pp. 779–786, 2003.
51) 片山直登. 容量スケーリング法を用いた容量制約をもつ多品種ネットワークデザイン問題の近似解法. 流通経済大学流通情報学部紀要, Vol. 9, No. 2, pp. 1–12, 2005.
52) J. Kennington and R. Helgason. *Algorithms for Network Programming*. John Wiley & Sons, 1980.
53) J. Kennington and M. Shalaby. An effective subgradient procedure for minimal cost multicommodity flow problems. *Management Science*, Vol. 23, pp. 994–1004, 1977.
54) J. Kennington and M. Shalaby. A survey of linear cost multicommodity network flows. *Operations Research*, Vol. 26, pp. 206–236, 1978.
55) A. Kershenbaum, R. R. Boorstyn, and R. Oppenhein. Second order greedy algorithms for centralized teleprocessing network design. *IEEE Transactions on Communications*, Vol. 28, pp. 1835–1838, 1980.
56) A. Kershenbaum and W. Chou. A unified algorithm for designing multidrop teleprocessing networks. *IEEE Transactions on Communications*, Vol. 22, pp. 1762–1773, 1974.
57) J. G. Klincewicz. Heuristics for the p-hub location problem. *European Journal of Operational Research*, Vol. 53, pp. 25–37, 1991.
58) 久保幹雄, 田村明久, 松井知己編. 応用数理計画ハンドブック. 朝倉書店, 2002.
59) B. W. Lamar, Y. Sheffi, and W. R. Powell. A capacity improvement lower bound for fixed charge network design problems. *Operations Research*, Vol. 38, pp. 704–710, 1990.
60) T. Larsson and M. Patriksson. Simplicial decomposition with disaggregated representation for the traffic assignment problem. *Transportation Science*, Vol. 26, pp. 4–17, 1992.
61) E. L. Lawler. *The Traveling Salesman Problem: A Guided Tour of Combinatorial Optimization*. John Wiley & Sons, 1985.
62) L. J. LeBlanc, K. E. K. Morlok, and W. P. Pierskalla. An efficient approach to solving the road network equilibrium traffic assignment problem. *Transportation Research*, Vol. 9, pp. 309–318, 1975.
63) M. Los and C. Lardinois. Combinatorial programming, statistical optimization and the optimal transportation network problem. *Transportation Research B*, Vol. 16, pp. 89–124, 1982.
64) T. L. Magnanti, P. Mirchandani, and R. Vachani. The convex hull of two core capacitated network design problems. *Mathematical Programming*, Vol. 60, pp. 233–250, 1993.
65) T. L. Magnanti, P. Mireault, and R. T. Wong. Tailoring benders decomposition for uncapacitated network design. *Mathematical Programming Study*, Vol. 26, pp. 112–155, 1986.
66) K. Malik and G. Yu. A branch and bound algorithm for the capacitated minimum spanning tree problem. *Networks*, Vol. 23, pp. 525–532, 1993.
67) M. Minoux. Multiflots de coût minimal avec fonctions de coût concaves. *Annales*

des Télécommunications, Vol. 31, pp. 77–92, 1976.
68) M. Minoux. Optimization et planification des réseaux de télécommunications. In *Optimization Techniques, Lecture Notes in Computer Science 40*, pp. 419–430. Springer-Verlag, 1976.
69) M. Minoux. Network synthesis and optimum network design problems: Models, solution methods and applications. *Networks*, Vol. 19, pp. 313–360, 1989.
70) J. D. Murchland. Braess's paradox of traffic flow. *Transportation Science*, Vol. 4, pp. 391–394, 1970.
71) J. D. Murchland. *A fixed matrix method for all shortest distances in a directed graph and for the inverse problem*. Ph. D. Thesis, University of Karlsruhe, 1970.
72) G. L. Nemhauser and L. A. Wolsey. *Integer and Combinatorial Optimization*. John Wiley & Sons, 1988.
73) M. E. O'Kelly. A quadratic integer program for the location of interacting hub facilities. *European Journal of Operational Research*, Vol. 32, pp. 393–404, 1987.
74) C. H. Papadimitriou. The complexity of the capacitated tree problem. *Networks*, Vol. 8, pp. 217–230, 1978.
75) C. H. Papadimitriou. *Computational Complexity*. Addison-Wesley, 1994.
76) M. Patriksson. *The Traffic Assignment Problem: Models and Methods*. VSP, Utrecht, 1994.
77) Y. Pochet and M. V. Vyve. A general heuristic for production planning problems. *Journal on Computing*, Vol. 16, pp. 316–327, 2004.
78) A. J. Scott. The optimal network problem: Some computational procedures. *Transportation Research*, Vol. 3, pp. 201–210, 1969.
79) Y. M. Sharaiha, M. Gendreau, G. Laporte, and I. H. Osman. A tabu search algorithm for the capacitated shortest spanning tree problem. *Networks*, Vol. 29, pp. 161–171, 1997.
80) R. L. Sharma. Design of an economical multidrop network topology with capacity constraints. *IEEE Transactions on Communications*, Vol. 31, pp. 590–591, 1983.
81) D. Skorin-Kapov, J. Skorin-Kapov, and M. E. O'Kelly. On tabu search for the location of interacting hub facilities. *European Journal of Operational Research*, Vol. 73, pp. 502–509, 1994.
82) D. Skorin-Kapov, J. Skorin-Kapov, and M. E. O'Kelly. Tight linear programming relaxations of uncapacitated p-hub median problems. *European Journal of Operational Research*, Vol. 94, pp. 582–593, 1996.
83) M. J. Smith. Existence, uniqueness, and stability of traffic equilibra. *Transportation Research B*, Vol. 13, pp. 259–304, 1979.
84) J. Sohn and S. Park. A linear program for the two-hub location problem. *European Journal of Operational Research*, Vol. 100, pp. 617–622, 1997.
85) J. Sohn and S. Park. The single allocation problem in the interacting three-hub network. *Networks*, Vol. 100, pp. 17–25, 1997.
86) P. A. Steenbrink. *Optimization of Transport Networks*. John Wiley & Sons,

1974.
87) J. G. Wardrop. Some theoretical aspects of road traffic research. In *Proceedings of Institution of Civil Engineers Part II*, pp. 325–378, 1952.
88) R. T. Wong. Probabilistic analysis of a network design problem heuristic. *Networks*, Vol. 15, pp. 347–363, 1985.

索引

1次オーダー貪欲法 (first order greedy algorithm)　99
1始点最短路問題 (single source shortest path problem)　3
$2N$ 個の制約式による定式化 ($2N$ constraint formulation)　114, 118
2次オーダー貪欲法 (second order greedy algorithm)　99
2次計画問題 (quadratic programming problem)　25, 40, 132
2次による定式化 (quadratic formulation)　155
2ストップ問題 (2-stop problem)　153
3分割不等式 (three-partition inequality)　123

All or Nothing 配分法 (— assignment algorithm)　32
All or Nothing 配分問題 (— assignment problem)　32, 34

Bellman–Ford 法 (— algorithm)　7
Benders カット (— cut)　77, 180
Benders 分解法 (— decomposition algorithm)　76, 179
BND (budget network design problem)　42
BPR 関数 (US bureau of public road function)　28
Braess のパラドックス (—'s paradox)　31

CAB (civil aeronautics board)　165
CMST (capacitated minimum spanning tree problem)　89

CND (capacitated network design problem)　119

Dantzig–Wolfe 分解法 (— decomposition algorithm)　21
Dijkstra 法 (—'s algorithm)　4

Esau–Williams 法 (— algorithm)　96

Floyd–Warshall 法 (— algorithm)　8, 47
FND (fixed charge network design problem)　67
FOGA (first order greedy algorithm)　99
Frank–Wolfe 法 (— algorithm)　34, 41

γ 残余ネットワーク (γ-residual network)　144, 148

HND (hub network design problem)　152

Kruskal 法 (—'s algorithm)　11, 95
Kuhn–Tucker 条件 (— condition)　29

Lagrange 関数 (Lagrangian function)　21, 28
Lagrange 緩和 (Lagrangian relaxation)　62, 84, 108, 115
Lagrange 緩和法 (Lagrangian relaxation method)　61, 106
Lagrange 緩和問題 (Lagrangian relaxation problem)　62, 84, 129, 173, 183
Lagrange 乗数 (Lagrangian

multiplier) 62, 111, 130, 173
Lagrange 乗数調整法 (Lagrangian
    multiplier adjustment
    algorithm) 109
Lagrange 摂動 (Lagrangian
    perturbation) 135
Lagrange 双対問題 (Lagrangian dual
    problem) 40
Lagrange ヒューリスティック
    (Lagrangian heuristic) 65, 86, 109,
    183
LZF (linearization flow problem) 87
LZP (linearization problem) 34

MCF (multicommodity flow
    problem) 19
Minoux 法 (—'s algorithm) 70
Murchland 法 (—'s algorithm) 9, 49,
    70, 72

$\mathcal{NP}$ 完全 ($\mathcal{NP}$-complete) 45, 93, 160
$\mathcal{NP}$ 困難 ($\mathcal{NP}$-hard) 93

Prim 法 (—'s algorithm) 12, 96

Q 反復巡回路分割法 (Q iterated tour
    partitioning algorithm) 98

SOF (system optimum flow
    problem) 31
SOGA (second order greedy
    algorithm) 99

UEF (user equilibrium flow
    problem) 26

Wardrop の第一原則 (—'s first
    principle) 27
Wardrop の第二原則 (—'s second
    principle) 27

ア 行

アーク (arc) 1
アークフローによる定式化 (arc flow
    formulation) 20, 43, 68, 114, 120
アークフロー変数 (arc flow variable) 3
アーク容量 (arc capacity) 3, 14, 119,
    136
アニーリング法 (annealing
    algorithm) 164, 184

閾値ヒューリスティック (threshold
    heuristic) 53
一時ラベル (temporary label) 4
陰関数 (implicit function) 42

迂回フロー不等式 (detour flow
    inequality) 124
運搬経路問題 (vehicle routing
    problem) 96

永久ラベル (permanent label) 4

重み (weight) 2, 11, 97
親ラベル (parent label) 4
温度 (temperature) 165, 185

カ 行

下界値 (lower bound) 55, 157, 172, 173,
    177
下界平面 (lower plane) 63
    Ahuja–Murty の—— 60
    Boyce–Farhi–Weischede の—— 56,
    76
    Gallo の—— 58
    Hoang の—— 57, 76
価格主導による分解法 (price-directive
    decomposition algorithm) 21
価格付け問題 (pricing problem) 22, 139
カットセット (cut-set) 2, 12, 121, 126
カットセット不等式 (cut-set
    inequality) 122

索　引　　　　　　　　　　　　197

木 (tree)　2
行生成法 (row generation
　　algorithm)　138
強制制約式 (forcing constraint)　44, 68,
　　120, 169
局所探索法 (local search
　　algorithm)　100, 161, 184
距離 (distance)　2
距離ラベル (distance label)　4
禁止アルゴリズム (inhibit
　　algorithm)　100
近傍探索 (neighborhood search)　101,
　　104, 184

クラスター (cluster)　164
グラフ (graph)　1

計算複雑性 (computational
　　complexity)　45, 93, 157
計算量 (computational complexity)　7,
　　49, 72, 96
結合アルゴリズム (join algorithm)　100
決定問題 (decision problem)　45, 93
限定主問題 (restricted master
　　problem)　22, 37, 39, 139

構築法 (construction algorithm)　95
交通量配分問題 (traffic assignment
　　problem)　26
固定費用をもつネットワーク設計問題
　　(fixed charge network design
　　problem)　67
コンポーネント (component)　91

サ　行

最近ハブ割当法 (nearest hub allocation
　　algorithm)　160
サイクル交換近傍 (cycle exchange
　　neighborhood)　101
最小木 (minimum spanning tree)　11,
　　69, 100
最小基数 (minimum cardinality
　　number)　126
最小基数不等式 (minimum cardinality
　　inequality)　126
最小木問題 (minimum spanning tree
　　problem)　11, 91, 95, 106
　次数制約をもつ―― (degree
　　constrained ―)　107
　容量制約をもつ―― (capacitated ―)
　　89
最小被覆 (minimal cover)　126
最小費用フロー問題 (minimum cost flow
　　problem)　14, 23
最大重みマッチング問題 (maximum
　　weight matching problem)　97
最大フロー法 (MAXFLO
　　algorithm)　164
最短路 (shortest path)　3, 81
最短路問題 (shortest path problem)　3,
　　49, 72
最適巡回路分割法 (optimal tour
　　partitioning algorithm)　99
散布探索法 (scatter search
　　algorithm)　147, 186
残余ネットワーク (residual network)　16
残余容量 (residual capacity)　16, 144

資源主導による分解ヒューリスティック
　　(resource-directive decomposition
　　heuristic)　131
資源主導による分解法 (resource-directive
　　decomposition algorithm)　23, 131
自己ループ (self-loop)　2
次数制約 (degree constraint)　93, 107
――をもつ最小木問題 (degree
　　constrained minimum spanning tree
　　problem)　107
システム最適化条件 (system optimum
　　condition)　27, 31
システム最適化フロー問題 (system
　　optimum flow problem)　31
始点 (origin node)　2
射影法 (projection algorithm)　40

射影問題 (projection problem) 25, 131
弱双対定理 (weak dual theorem) 77, 172
修正 Kruskal 法 (modified —'s algorithm) 96
修正 Prim 法 (modified —'s algorithm) 96
充足可能性問題 (satisfiability problem) 93
終点 (destination node) 2
集約化単体分解法 (aggregated simplicial decomposition algorithm) 37
主問題 (master problem) 21, 77, 172
需要 (demand) 2
巡回セールスマン問題 (traveling salesman problem) 92, 98

スイープ法 (sweep algorithm) 96
スケーリング法 (scaling algorithm) 133
スラック変数 (slack variable) 21, 170
スロープスケーリング法 (slope scaling algorithm) 134

切除平面法 (cutting plane algorithm) 114
全域木 (spanning tree) 2, 11, 89
線形化フロー問題 (linearization flow problem) 87, 120, 141
線形化問題 (linearization problem) 34
線形緩和 (linear relaxation) 55, 61, 172
線形緩和問題 (linear relaxation problem) 44, 168, 172
線形計画による定式化 (linear programming formulation) 156
線形計画問題 (linear programming problem) 15, 22, 170, 175
全対間最短路問題 (all-pairs shortest path problem) 4

双対上昇法 (dual ascent algorithm) 81, 127, 177
双対ヒューリスティック (dual heuristic) 84

双対変数 (dual variable) 15, 21, 127, 172
双対問題 (dual problem) 15, 24, 76, 127, 172
相補性条件 (complementarity condition) 16, 84, 177

タ 行

第一・第二ハブ割当法 (first or second hub allocation algorithm) 160
多項式オーダー (polynomial order) 14, 99
多重アーク (multiple arcs) 2
妥当不等式 (valid inequality) 44, 91, 110, 121, 174
多品種 (multicommodity) 2
多品種フロー問題 (multicommodity flow problem) 19, 121, 134, 141
タブー探索法 (tabu search algorithm) 104, 141, 165, 186
　単体法に基づく—— (simplex-based —) 141
　閉路に基づいた—— (cycle based —) 143
多様化 (diversity) 141, 186
単一交換法 (single exchange heuristic) 161
単一割当ハブネットワーク設計問題 (single assignment hub network design problem) 153
短期メモリ (short-term memory) 104, 141, 165, 186
単純グラフ (simple graph) 2
単体分解法 (simplicial decomposition algorithm) 36
単体法 (simplex method) 22, 141, 171
　——に基づくタブー探索法 (simplex-based tabu search) 141
端点 (end point) 2
端点 (extreme point) 2, 21, 171, 180

長期メモリ (long-term memory) 143,

索引　　　　　　　　　　　　　　199

166, 186
定式化 (formulation)　15
　アークフローによる―― (arc flow ―)
　　20, 43, 68, 114, 120
　線形計画による―― (linear
　　programming ―)　156
　ナップサックによる―― (knapsack ―)
　　43, 54
　$2N$ 個の制約式による―― ($2N$
　　constraint ―)　114, 118
　2 次による―― (quadratic ―)　155
　パスフローによる―― (path flow ―)
　　28, 138, 141
　ホップインデックスによる――
　　(hop-indexed ―)　116
デザイン費用 (design cost)　3
デザイン変数 (design variable)　3

統一アルゴリズム (unified algorithm)　97
動的計画法 (dynamic programming)　93
凸結合 (convex combination)　21, 37
貪欲交換法 (greedy-interchange
　　heuristic)　162
貪欲法 (greedy algorithm)　48, 69, 95,
　　161

ナ 行

ナップサックによる定式化 (knapsack
　　formulation)　43, 54
ナップサック問題 (knapsack
　　problem)　42, 45, 175

ネットワーク (network)　1
ネットワーク設計問題 (network design
　　problem)　1
　固定費用をもつ―― (fixed charge ―)
　　67
　容量制約をもつ―― (capacitated ―)
　　119
　予算制約をもつ―― (budget ―)　42
ネットワークフロー問題 (network flow

problem)　1
ネットワーク問題 (network problem)　1
ノード (node)　1

ハ 行

パス (path)　2
パス交換近傍 (path exchange
　　neighborhood)　101
パス再結合法 (path relinking
　　algorithm)　147, 186
パスフローによる定式化 (path flow
　　formulation)　28, 138, 141
パスフロー変数 (path flow variable)　3
バックトラック法 (backtrack
　　algorithm)　54
バックワード法 (backward
　　algorithm)　47, 69
ハブネットワーク設計問題 (hub network
　　design problem)　152
ハブノード (hub node)　152
ハブノード変数 (hub node variable)　154
パラレルセービング法 (parallel saving
　　heuristic)　97
非集約化 (disaggregation)　44
非集約化単体分解法 (disaggregated
　　simplicial decomposition
　　algorithm)　38
非ハブノード (non-hub node)　153
被覆 (cover)　125
被覆不等式 (cover inequality)　126
被約費用 (reduced cost)　22, 132, 139
品種 (commodity)　2
ビンパッキング制約 (bin packing
　　constraint)　92, 107
ビンパッキング問題 (bin packing
　　problem)　92

フォワード法 (forward algorithm)　47,
　　69
複数基準割当法 (multi-criteria

assignment heuristic) 163
複数交換法 (double exchange heuristic) 162
複数割当ハブネットワーク設計問題 (multiple assignment hub network design problem) 153
部分木 (subtree) 91, 107
部分巡回路除去制約 (subtour elimination constraint) 92, 118
負閉路 (negative cycle) 4, 8, 17, 103, 145
プライマル・デュアル法 (primal-dual algorithm) 18
プライマル法 (primal algorithm) 17
フロー (flow) 2
フロー費用 (flow cost) 3
フロー保存式 (flow conservation constraint) 15, 44, 129
分割配分法 (incremental assignment algorithm) 33
分枝限定法 (branch and bound algorithm) 51, 61, 75, 176

閉路 (cycle) 2, 144
　──に基づいたタブー探索法 (── based tabu search) 143
ベンチマーク問題 (benchmark problem) 148, 165
変分不等式 (variational inequality) 30, 40

ホップインデックス (hop-index) 116
　──による定式化 (hop-indexed formulation) 116
ホップインデックス変数 (hop-index variable) 116

マ 行

マルチカット不等式 (multi-cut inequality) 125
マルチ交換近傍 (multi-exchange neighborhood) 101

マルチスター不等式 (multi-star inequality) 113

メタヒューリスティクス (meta heuristics) 101, 104, 147

持ち上げ (lifting) 127

ヤ 行

容量改善法 (capacity improvement algorithm) 86
容量スケーリング法 (capacity scaling algorithm) 136
容量制約緩和 (capacity constraint relaxation) 106
容量制約式 (capacity constraint) 15, 86, 120
容量制約をもつ最小木問題 (capacitated minimum spanning tree problem) 89
容量制約をもつネットワーク設計問題 (capacitated network design problem) 119
予算制約をもつネットワーク設計問題 (budget network design problem) 42

ラ 行

ラベリング法 (labeling algorithm) 4, 81
ラベル (label) 4
ラベル修正法 (label correcting algorithm) 7, 103, 145

利用者均衡条件 (user equilibrium condition) 27, 29
利用者均衡フロー問題 (user equilibrium flow problem) 26

ルート (root) 89
ルートカットセット不等式 (root cut-set inequality) 113

列挙法 (enumeration algorithm) 160
劣勾配 (subgradient) 25, 64, 182
劣勾配法 (subgradient algorithm) 24, 64, 181
列生成法 (column generation algorithm) 138
連結グラフ (connected graph) 3

連結成分 (connected component) 3, 91
連続ナップサック問題 (continuous knapsack problem) 52, 130, 175

ワ 行

割当フロー法 (ALLFLO algorithm) 164
割引係数 (discount factor) 154

著者略歴

片山直登(かたやまなおと)

1960 年　東京都に生まれる
1988 年　早稲田大学大学院理工学研究科
　　　　博士後期課程単位取得退学
1990 年　金沢工業大学工学部講師
現　在　流通経済大学流通情報学部教授

応用最適化シリーズ 2
ネットワーク設計問題　　　　　　　定価はカバーに表示

2008 年 5 月 30 日　初版第 1 刷
2013 年 12 月 25 日　　　第 2 刷

著　者　片　山　直　登
発行者　朝　倉　邦　造
発行所　株式会社　朝　倉　書　店

東京都新宿区新小川町6-29
郵便番号　162-8707
電話　03(3260)0141
FAX　03(3260)0180
http://www.asakura.co.jp

〈検印省略〉

© 2008〈無断複写・転載を禁ず〉　　東京書籍印刷・渡辺製本

ISBN 978-4-254-11787-5　C 3341　　Printed in Japan

JCOPY　〈(社)出版者著作権管理機構 委託出版物〉

本書の無断複写は著作権法上での例外を除き禁じられています。複写される場合は、そのつど事前に、(社)出版者著作権管理機構(電話 03-3513-6969, FAX 03-3513-6979, e-mail: info@jcopy.or.jp)の許諾を得てください。

東邦大 並木 誠著 応用最適化シリーズ1 **線 形 計 画 法** 11786-8 C3341　　A 5 判 200頁 本体3400円	工学，経済，金融，経営学など幅広い分野で用いられている線形計画法の入門的教科書。例，アルゴリズムなどを豊富に用いながら実践的に学べるよう工夫された構成〔内容〕線形計画問題／双対理論／シンプレックス法／内点法／線形相補性問題
中大 藤澤克樹・阪大 梅谷俊治著 応用最適化シリーズ3 **応用に役立つ50の最適化問題** 11788-2 C3341　　A 5 判 184頁 本体3200円	数理計画・組合せ最適化理論が応用分野でどのように使われているかについて，問題を集めて解説した書〔内容〕線形計画問題／整数計画問題／非線形計画問題／半正定値計画問題／集合被覆問題／勤務スケジューリング問題／切出し・詰込み問題
筑波大 繁野麻衣子著 応用最適化シリーズ4 **ネットワーク最適化とアルゴリズム** 11789-9 C3341　　A 5 判 200頁 本体3400円	ネットワークを効果的・効率的に活用するための基本的な考え方を，最適化を目指すためのアルゴリズム，定理と証明，多くの例，わかりやすい図を明示しながら解説。〔内容〕基礎理論／最小木問題／最短路問題／最大流問題／最小費用流問題
前京大 茨木俊秀・京大 永持 仁・小樽商大 石井利昌著 基礎数理講座5 **グ ラ フ 理 論** ――連結構造とその応用―― 11780-6 C3341　　A 5 判 324頁 本体5800円	グラフの連結度を中心にした概念を述べ，具体的な問題を解くアルゴリズムを実践的に詳述〔内容〕グラフとネットワーク／ネットワークフロー／最小カットと連結度／グラフのカット構造／最大隣接順序と森分解／無向グラフの最小カット／他
前日本IBM 岩野和生著 情報科学こんせぷつ4 **アルゴリズムの基礎** ――進化するIT時代に普遍な本質を見抜くもの―― 12704-1 C3341　　A 5 判 200頁 本体2900円	コンピュータが計算をするために欠かせないアルゴリズムの基本事項から，問題のやさしさ難しさまでを初心者向けに実質的にやさしく説き明かした教科書〔内容〕計算複雑度／ソート／グラフアルゴリズム／文字列照合／NP完全問題／近似解法
前京大 福島雅夫著 **新版 数 理 計 画 入 門** 28004-3 C3050　　A 5 判 216頁 本体3200円	平明な入門書として好評を博した旧版を増補改訂。数理計画の基本モデルと解法を基礎から解説。豊富な具体例と演習問題（詳しい解答付）が初学者の理解を助ける。〔内容〕数理計画モデル／線形計画／ネットワーク計画／非線形計画／組合せ計画
前政策研究大学院大 刀根 薫著 基礎数理講座1 **数 理 計 画** 11776-9 C3341　　A 5 判 248頁 本体4300円	理論と算法の緊密な関係につき，問題の特徴，問題の構造，構造に基づく算法，算法を用いた解の実行，といった流れで平易に解説。〔内容〕線形計画法／凸多面体と線形計画法／ネットワーク計画法／非線形計画法／組合せ計画法／包絡分析法
名大 柳浦睦憲・前京大 茨木俊秀著 経営科学のニューフロンティア2 **組 合 せ 最 適 化** ――メタ戦略を中心として―― 27512-4 C3350　　A 5 判 244頁 本体4800円	組合せ最適化問題に対する近似解法の新しいパラダイムであるメタ戦略を詳解。〔内容〕組合せ最適化問題／近似解法の基本戦略／メタ戦略の基礎／メタ戦略の実現／高性能アルゴリズムの設計／手軽なツールとしてのメタ戦略／近似解法の理論
東京海洋大 久保幹雄・慶大 田村明久・中大 松井知己編 **応用数理計画ハンドブック**（普及版） 27021-1 C3050　　A 5 判 1376頁 本体26000円	数理計画の気鋭の研究者が総力をもってまとめ上げた，世界にも類例がない大著。〔内容〕基礎理論／計算量の理論／多面体論／線形計画法／整数計画法／動的計画法／マトロイド理論／ネットワーク計画／近似計画／非線形計画法／大域的最適化問題／確率計画法／トピックス（パラメトリックサーチ，安定結婚問題，第K最適解，半正定値計画緩和，列挙問題）／多段階確率計画問題とその応用／運搬経路問題／枝巡回路問題／施設配置問題／ネットワークデザイン問題／スケジューリング

上記価格（税別）は 2013 年 12 月現在